Handmade Quilting

幸福手感 拼布小物

Handmade Quilting

Contents

目 次

編者的話

　　「拼布手作」是e世代慢生活的體驗，透過一片片裁布、一針一線的縫製過程，讓你過度緊張、緊繃的身心靈可以得到喘息，放慢速度、釋放壓力、細細品味人生。貼布縫是拼布手作中最容易入門、接受度最高的一種，為了讓讀者可以體驗拼布手作的美好，本公司將企畫推出一系列以貼布縫為主題的拼布手作書來推廣如此美好的縫紉工藝。

　　在第一本《幸福手感拼布小物》乙書中，特邀請了孫郁婷、郭訓瑋、黃珊、潘妮(潘妤瑩)、糖糖以及臺灣喜佳蘇曉玲等拼布老師，為大家設計製作令人愛不釋手的貼布縫拼布小物。全書共收錄了26個精緻實用的貼布縫提包小物，忠實呈現每位老師的拼布技巧，以詳細的步驟圖解、原寸大紙型，一步一步的引領讀者進入拼布的慢活世界！

設計師簡介 （依姓氏筆畫排列）

Desiger

孫郁婷　布巧拼布工房

- 輔仁大學大眾傳播學系畢業
- 中山大學傳播管理碩士學位
- JLL公益(財)日本生涯學習協會協議會手縫拼布認證指導員
- 小倉手藝デザイン研究所緞帶刺繡認證指導員

2005年起自學拼布，成立工作室開設拼布教室招收學員、培訓師資，經營粉絲專頁與世界各地拼布愛好者進行交流，將布作注入慢活新概念，讓拼布藝術也能成為另類的時尚日常。

粉絲專頁：布巧拼布工房

郭訓瑋　K拼布工作室

1997年替自己買了人生第一台縫紉機，從此就開啟了自己的拼布之路，雖然披著機械工程學系的外衣，內心卻是對拼布有著無比的熱情，20年來從未間斷的喜愛著拼布並以創作教學為職業，每天幸福的沉浸在拼布漩渦裡。

粉絲專頁：K拼布工作室

著作：超簡單手作購物包、時尚輕旅手作包

合輯：超人氣實用手拿包、城市休閒肩背包、經典時尚口金包

黃珊

手作資歷八年，自小就熱衷於繪畫並且對顏色有不正常的敏銳度，喜歡自己配自己對，從不在意別人的眼光，沈浸在自己的想像國度裡，抱持著好玩的心態誤闖進拼布的世界〜

FB：黃珊

現職：手作玩家

合輯：時尚百搭兩用包、浪漫輕巧掀蓋包

潘妮(潘妤瑩)　潘妮拼布(手作教學)

曾任：台中市大里區圖書館拼布講師、台中市霧峰區圖書館拼布講師、朝揚科技大學銀髮管理系社大拼布講師

粉絲專頁：潘妮の妮娃娃手作屋

著作：打開多妮的貼布縫日記、潘妮的拼布編織生活手作

作品刊登：多妮，娜娜，鄉村娃娃(連載於巧手易雜誌49～61期)

合輯：樂活輕旅後背包、悠遊時尚單肩後背包、超人氣手拿包、城市休閒肩背包

糖糖　糖糖の畫筆彩繪、快樂手作

早期以畫可愛風的插圖為主，並製成相關商品販售。2009年開始以看書自學方式玩拼布，並在某次網友的建議下，將自己所繪製的圖案運用其中，陸續設計和手作出許多可愛又實用的拼布作品。如今玩拼布手作多年，依然期許著自己所設計的作品，能讓人從手作過程中，漸漸喜歡上拼布所帶來的樂趣與成就感。

合輯：樂活輕旅後背包、經典時尚口金包

作品刊登：Cotton Life玩布生活(NO.22、NO.23、NO.28、NO.29期)

蘇曉玲　臺灣喜佳中區才藝中心主任

經歷：服裝設計、造型師、巧手藝&玩布生活雜誌拍攝

參加日本COTTON TIME創作金賞獎

臺灣喜佳專任老師資歷10年

國立興大附農教師研習指定教師

專長：拼布洋裁手作

證照：服裝乙級、美容丙級

胖胖蘑菇零錢包

半立體的胖嘟嘟可愛蘑菇，搭配小巧的貝殼
造型零錢包真是可愛極了！

K拼布工作室／郭訓瑋

Mushroom
coin purse

How to make／P.40

更具實用性

蘑菇中填充棉花,更顯得圓潤可
愛。簡單的造型為隨身攜帶的零
錢包增加了趣味性!同樣的袋型
也可已換上蘑菇屋貼縫圖案,整
體感覺又變得不一樣!

NO.2

森林露營手提包

K拼布工作室／郭訓瑋

簡單的袋型加上露營意象的貼縫圖案，為整個手提包注入了不一樣的風貌！隨著表布配色的變化，又呈現出不同的感覺！

實用性手提包

前後袋身加上袋底的組合
雖然簡單,卻是極為實用
的包款。表布三層壓線加
上可愛的貼布縫圖案讓袋
物多了分樸實手感!

How to make／P.44

貼布縫圖案搭配各式手
工刺繡以及造型扣做裝
飾,文字部分可以手寫
也能手繡,這就是拼布
貼縫的樂趣!

NO.3

愛做夢的斜背包

愛睡覺的狗狗貓貓貼縫圖案搭配輕巧實用的掀蓋式斜背包，是悠遊城市的必備包款！

K拼布工作室／郭訓瑋

x

輕巧的掀蓋包

加了袋蓋的斜背包，背面還
設計了後口袋，是城市微旅
行的良伴，再搭配上貼布縫
圖案是不是更加可愛呢？

How to make／P.51

表布三層壓線分別
以菱格紋和直條紋
表現，增添變化
性，還有貼心的後
口袋設計！

Sang娃阿蝶銅鑼萬用包

設計製作／黃　珊

超萌的圖案

從喜愛昆蟲的兒子身上得
到靈感，循著兒時記憶、
童心大發，大膽的創作了
Sang娃系列圖案，有著故
事的情節值得細細品味

How to make／P.58

全開式的拉鍊設計，可以讓前後片全部攤開，不管
取物或置物都極為便利。

Sang娃阿鍫卡片存摺燒餅夾

設計製作／黃　珊

實用的燒餅夾，可以放置各式各樣的卡片或存摺，
也可以加上不同的內頁極為實用！

逗趣的貼縫圖案

同樣的Sang娃系列圖案，本作
品改以鍬形蟲為主角，訴說著
Sang娃和鍬形蟲之間可愛的互
動情節！

How to make／P.67

直角包邊是這件作品的另一大重點，在製作時一定
要格外用心，如此才能呈現完美的作品。

NO.6

兔爸兔媽零錢包

潘妮拼布／潘　妮

相信兔子是很多人喜歡的圖案
之一，潘妮老師以擬人化的兔
爸、兔媽為主題所製作的貼布
縫零錢包，是不是很可愛！

Handmade bunny coin purse

貼布縫之外更以多種手
工刺繡法來增加圖案的
變化性和立體手感，也
讓整個作品更活潑！

How to make／P.73

 NO.7

貪睡浣熊木頭口金包

潘妮拼布／潘　妮

可愛的浣熊人人愛，同樣的圖案也可自行放大縮
小，再加上不同的花葉、小圖案，就可以做出不
一樣的變化。

可愛的浣熊

木質的鎖口金與拼布的質
感真是絕配！除了可以用
不同的貼布縫圖案外，壓
線的變化也是拼布的一個
表現重點！

How to make／P.78

NO.8

可愛布偶熊卡套

糖糖の畫筆彩繪、快樂手作／糖糖

簡單的卡片套搭配上布偶熊圖案，瞬間
令人愛不釋手！

可愛布偶熊

正面是可愛的布偶熊、背面則搭配
禮物或音符小圖案，壓扣小袋蓋讓
拿取卡片更方便，而活動式手腕帶
也可以方便吊掛在包包上！

How to make／P.82

23

 **NO.9**

大眼女孩支架口金包

糖糖の畫筆彩繪、快樂手作／糖糖

漫畫風小女孩

漫畫風格的大眼女孩圖案，有別
於一般貼布縫中人物的表現，感
覺更加可愛！

Handmade frame bag

How to make／P.90

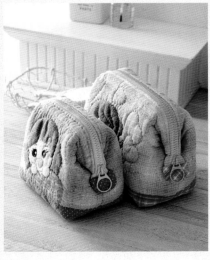

前後都有貼縫圖案
讓包包更多變，大
開口的支架口金設
計，更增便利性！

戀戀夏荷彈片口金收納包

糖糖の畫筆彩繪、快樂手作／糖糖

糖糖老師的荷花淡雅高
貴、栩栩如生，搭配在彈
片口金收納包上，不管袋
身高度怎麼變化，都非常
適合！

How to make／P.98

雖然是小物，背面的設計也一點都不馬
虎，兩款作品分別採用不同的拼接方式
來呈現！

27

房子收納包

設計製作／孫郁婷

Handmade Storage Bag

扇形的收納包，小巧的袋型非常討人喜
愛，搭配鄉野房屋景色的貼布縫圖案更
顯現出手縫拼布的精緻感！

可愛的房子風景

座落山野的房屋搭配扇形造型包
款，小巧卻一點都不馬虎！前後
呼應的圖案設計是作者的巧思！

表布、鋪棉與裡布直
接進行壓線後，不論
表面或內部皆可呈現
立體紮實的質感、展
現手縫的美感！

How to make／P.106

園藝蘇姑娘迷你波士頓包

蘇姑娘是貼布縫常見的參考圖形，在許多拼布作品中都可以看到她的延伸與運用表現！

設計製作／孫郁婷

How to make ／P.113

迷你波士頓包

迷你波士頓包搭配園藝蘇姑娘的貼縫圖案，以及菱格紋、直線和自由壓線，讓整件作品可愛又討喜！

Handmade mini boston bag

萌哈鑰匙圈

臺灣喜佳中區才藝中心主任／蘇曉玲

Paulsha是已離開曉玲老師快兩年的哈
士奇狗女兒，她由對毛小孩的思念與
懷念激發出創作靈感，透過機縫拼布
轉換成一個個可愛的拼布鑰匙圈，讓
牠永遠陪伴左右。

機縫寵物名

運用不同的壓線形式，或以
縫紉機繡出的寵物名字，都
突顯出該作品的特色！

How to make／P.122

製作須知與基本縫法

在製作拼布貼縫作品前，有一些基本縫法與至製作方法必須要先有完整的概念：

1.基本縫法：縫法的優劣是作品精緻與否的關鍵，所以必須多加練習，這樣不但可以讓作品、縫製的速度也會加快！

2.鋪棉的拼布作品在壓線後尺寸會縮小，而縮小的尺寸會

隨著作品尺寸與壓線方式而有不同，壓線面積愈大縮得愈多，除此之外也會因鋪棉的厚度和壓線的鬆緊度不同而有差異，因此裁布時記得先粗裁預留收縮尺寸。

縫法種類很多，相同的針法在不同年代或習慣下，也會有不同的名稱，例如貼布縫有人稱為藏針縫，又因操作時要直立上、下，所以又被稱「立針縫」。再如縫合返口的針法，名稱就更多了，如藏針縫、隱針縫、對針縫、工字縫和梯形縫等等。縫法很多，並沒有硬性規定縫製某個部位一定要用那種針法，只要依個人習慣和喜好來選擇即可。

本書保留各老師的慣用説法，不再加以統一。但針對老師們所使用的針法、名稱統一説明如下：

◆**貼布縫**：又稱藏針縫、立針縫，除了用於貼縫圖案外，也可用於手縫拉鍊和包邊

1 布片先以珠針固定，沿著貼布縫的邊起針。

2 再從起針的正下方稍微偏斜下針。

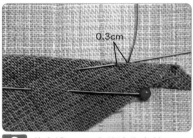

3 往左邊0.3cm處的邊緣出針。

4 一直延伸下去貼縫。

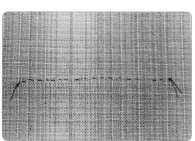

5 完成的貼縫後方略圖。

◆ 平針縫

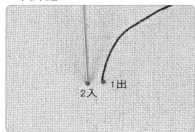 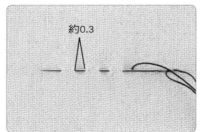 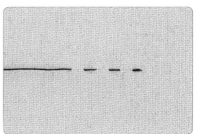

1 如圖1出針、2入針。

2 重複步驟1(可連續3～5針再起針)。

3 完成。

◆ 全回針縫

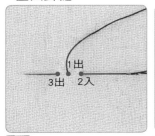 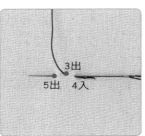 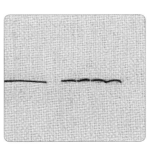 

1 如圖1出針、2入針、3出針。

2 重複步驟1,再由4入針、5出針(4入針處就是步驟1中1的點)。

3 重複步驟1～2。

● 背面的樣子。

◆ 半回針縫

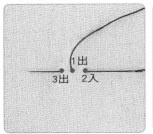 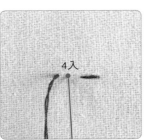 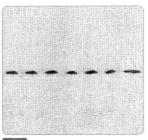 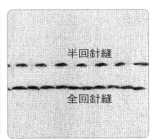

1 如圖1出針、2入針、3出針。

2 4入針(3和1間一半的距離)。

3 重複步驟1～2即可。

● 半回針逢(上)和全回針縫(下)的比較。

◆ 星止縫:又稱星點縫、短針回針縫

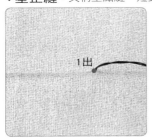 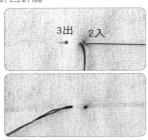 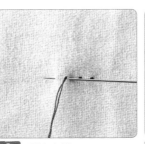 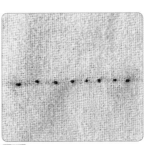

1 如圖1出針。

2 2入針、3出針。

3 重複步驟1～2。

4 完成的樣子。

◆ 捲針縫

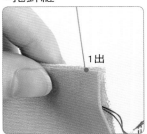

1 如圖1出針。

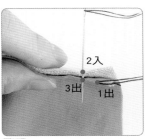

2 左斜由2入針、垂直向下由3出針。

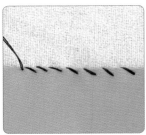

3 重複步驟1～2到所需長度,拉緊後即完成。

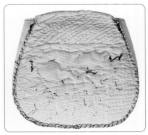

● 本書中大多用以固定縫份。

◆ 工字縫:又稱藏針縫、隱針縫、梯形縫、弓字縫,主要用於返口的縫合

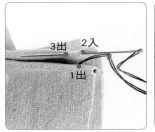

1 如圖1出針、2入針、3出針。

2 完成步驟1。

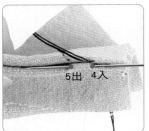

3 4入針、5出針。

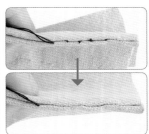

4 重複步驟1～2到所需長度,拉緊後即完成。

◆ 輪廓繡

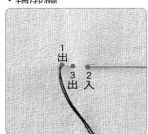

1 如圖1出針、2入針、3出針。

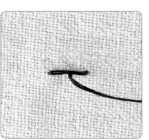

2 完成步驟1。

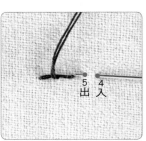

3 4入針、5出針。

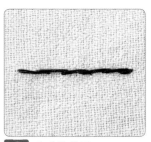

4 完成的樣子。

◆ 鎖鍊繡

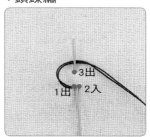

1 如圖由2入、3出,並將線繞過針。

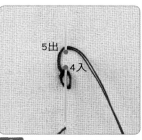

2 拉好線,重複步驟1,4入5出。

3 重複步驟1～4完成所需的長度。

4 鎖鍊繡完成的樣子。

◆ 雛菊繡

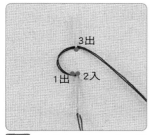 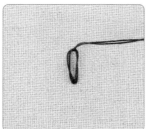 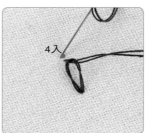 

1 如圖由2入、3出，並將線繞過針。

2 拉起來的樣子。

3 再由4入。

4 如圖完成一個花瓣，再依個人需求繡出所需花瓣數量。

◆ 結粒繡

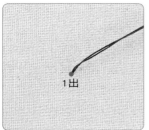 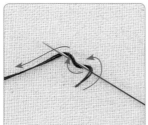 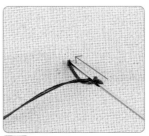 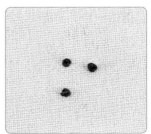

1 如圖1出針。

2 將線如圖繞針2圈。

3 稍微拉緊後，往原點入針。

4 完成。

◆ 疏縫

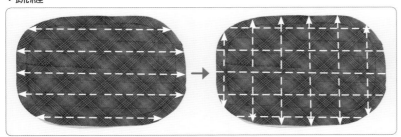 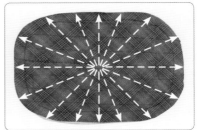

● **格子狀疏縫法**：由中心向外，間隔3cm垂直與水平疏縫即可。

● **放射疏縫法狀**

◆ 落針壓

● 落針壓是縫在布片或貼布縫配色布邊緣的壓線，在沒有縫份一側做三層壓線，此作用可以讓貼布縫的圖案更有立體感，也可以固定布片。

◆三層壓線方法

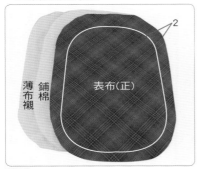

1 布料、鋪棉、薄布襯裁剪時請依紙型周圍外加2cm，整燙時請依上圖順序放置，使用熨斗以外擴式按壓整燙。

2 將紙型置中擺放，使用消失筆描上紙型外圍在布料上。

3 移除紙型，在布料的紙型框架內畫上壓線的紋路。

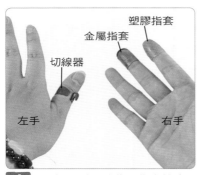

4 可以運用金屬和塑膠指套輔助，減輕手指的負擔。

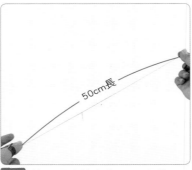

5 使用壓線針與約50cm長的#50壓線。

6 使用單線，穿針後將線拉成一長一短。

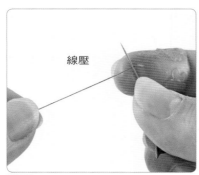

7 在長端打結，先將線壓在針下面。

8 將線繞針3圈，輕輕將線圈捏住，拉出針即完成打結。

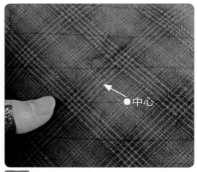

9 以目測找出布料中心的壓線紋路，線由下往上穿出。

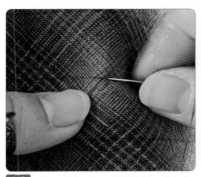

10 開始與結束時都須迴針增加固定。

11 請以連續針進行壓線，盡量不要一上一下進行壓線。

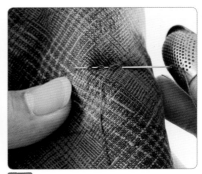

12 每次壓線以2～3針連續，針目大小1cm、3個針目。

13 用金屬指套將針推入，推到底。

14 用塑膠指套將針拔出。

15 結束點為框架外1針。

16 請迴針後於背面打結並用切線器將線剪斷，請確實三層壓到線，背面也要看到針目喔！

17 請依圖示壓線時依照擴散式進行，由中心往外，以保持布面的平整。

胖胖蘑菇零錢包

K拼布工作室／郭訓瑋

紙型B面

主要材料
表布、裡布、各色配色布、薄布襯、鋪棉

其他配件
蜜蜂裝飾鈕×1、斜布條2.5尺、15cm拉鍊1條、繡線
少許、棉花少許

尺寸 →12.5×↓9.5×寬4cm

袋物裁布表

紙型：不含縫份，裁布請外加縫份0.7cm
粗裁：請依紙型外加2cm校正縫份。

部位名稱	尺 寸	襯與鋪棉	片數	備註
表布	依紙型 **1A** 粗裁	薄布襯(依紙型粗裁) 鋪棉(依紙型粗裁)	1	三層壓線後依紙型 加0.7cm縫份校正
裡布	依紙型 **1A** 外加縫份	薄布襯(依紙型外加縫份)	1	

貼布縫順序

A款(貼布縫外加縫份0.7cm)　　　　　　　　　B款(貼布縫外加縫份0.5cm)

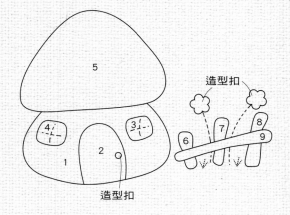

◆ 作品示範

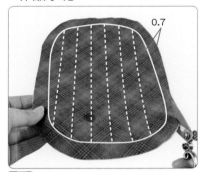

1 表布參考P.38完成三層壓線後，依紙型外加0.7cm畫出記號線，並沿0.7cm縫份線剪下。

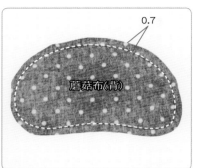

2 依紙型加0.7cm裁剪蘑菇用布二片正正相對，沿實際線車縫一圈(針目請調整1.8)。

3 如圖在其中一片中心位置，以剪刀剪一開口，並於凹彎處剪牙口。

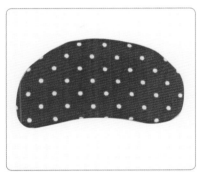

4 從開口將其翻正，大小蘑菇皆以同法製作。

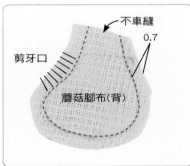

5 依紙型＋0.7cm縫份裁剪兩片蘑菇腳用布(一正一反)，兩片正正相對，沿實際線車縫(針目請調整1.8)注意上端開口處不車，再於凹彎處剪牙口。

6 從開口將其翻正，大小蘑菇腳皆以同法製作。

7 先在表布正面車上包邊條。

8 將蘑菇腳依圖面位置以珠針固定。

9 以單線貼布縫將蘑菇腳縫合於表布上(貼布縫時請注意只貼縫下層布塊即可，以增加立體感)。

41

10 貼縫完成再於上方開口處塞入少許棉花。

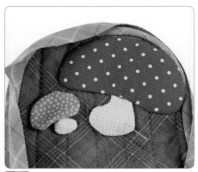

11 接著貼縫蘑菇頭。

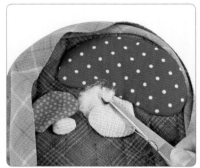

12 請先留一返口才能將棉花塞入。

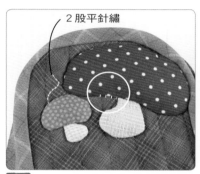

2股平針繡

13 再將返口貼縫完成，並以兩股繡線用平針繡縫上線條。

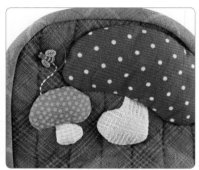

14 再固定上可愛昆蟲釦子。

薄布襯　裡布（正）

15 裡布依紙型＋0.7cm後裁剪，並燙上薄布襯。

表布（背）　裡布（正）

16 將裡布與表布背面對背面。

疏縫0.5

17 沿外圍0.5cm處疏縫一圈。

18 將包邊布摺兩摺後，以強力夾固定、邊緣貼布縫合。

19 拉鍊與布料對齊中心位置，以珠針固定(請依圖示珠針固定方式將拉鍊固定)。

20 固定拉鍊時，請將拉鍊齒靠在包邊之上。

21 拉鍊頭尾請稍微往內縮。

22 在拉鍊齒下第一條線，置中位置起針。

23 往兩側以#50單線進行星止縫。

24 在拉鍊邊緣處以貼布縫將拉鍊布邊與裡袋身布縫合，並依縫合順序完成另一邊拉鍊。

25 正面側邊從拉鍊止擋開始往下「工字縫」，另一邊同做法。

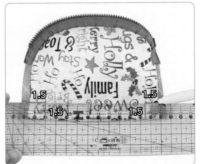

26 翻背面打角3cm，如圖在左右角落均畫上記號線(注意：由布邊起算1.5cm)，另一面相同畫法。

27 抓起同邊的前後交接點，沿線車縫即完成打角，同做法完成另一邊。

森林露營手提包

K拼布工作室／郭訓瑋

尺寸 →30×↓18.5×寬14cm

主要材料
表布、裡布、各色配色布、薄布襯、鋪棉

其他配件
斜布條2.5尺、小裝飾釦×1、大裝飾釦×4、袋物專用
底板(14×21cm)×1、繡線少許、塑鋼磁釦1組

袋物裁布表

紙　　型：不含縫份，裁布請外加縫份0.7cm
數字尺寸：已含縫份0.7cm。
粗裁部位：依紙型外加2cm校正縫份。

部位名稱	尺寸	襯與鋪棉	片數	備註
表布				
袋身	依紙型 2A-1 粗裁	薄布襯(依紙型粗裁) 鋪棉(依紙型粗裁)	2	三層壓線後再依紙型加0.7cm縫份校正
袋底	依紙型 2-2 粗裁	薄布襯(依紙型粗裁) 鋪棉(依紙型粗裁)	1	
提把	9×33cm	鋪棉(4.5×33cm)	2	
提把修飾布	4.5×6cm		4	
裡布				
袋身	依紙型 2A-1 外加縫份	薄布襯(依紙型外加縫)	2	
袋底	依紙型 2-2 外加縫份	薄布襯(依紙型外加縫)	1	
底擋布	16×20cm	薄布襯(16×16cm)	1	

貼布縫順序　貼布縫外加縫份0.5cm

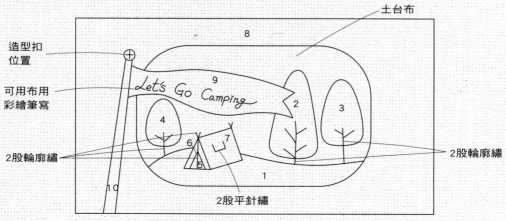

造型扣
位置

可用布用
彩繪筆寫

土台布

2股輪廓繡

2股輪廓繡

2股平針繡

◆作品示範

1 表袋底參考P.38完成三層壓線後，依紙型校正後外加0.7cm縫份裁剪下來，同法完成後表袋身的壓線。

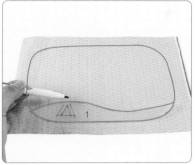

2 如圖在土台布上畫上記號線。

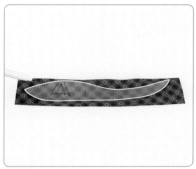

3 將紙型描在1號布上。

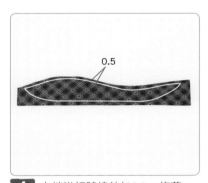

4 上端沿記號線外加0.5cm修剪。

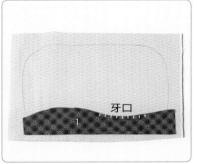

5 將1號布放置土台布對應位置上，並在凹彎處剪牙口。

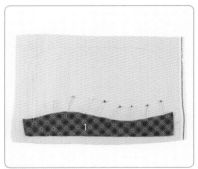

6 將上端縫份摺入並以珠針固定。

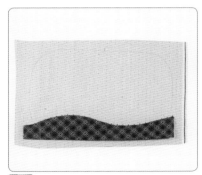

7 以貼布縫完成1號貼布上端的貼縫。

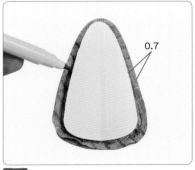

8 依樹木(2)紙型畫出實際線，再外加0.7cm剪下兩片。

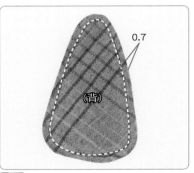

9 二片布正正相對，沿實際線車縫一圈(針目請調整1.8)。

10 在其中一片中心位置，以剪刀剪一開口。

11 從開口將其翻正，同法完成編號3、4樹木。

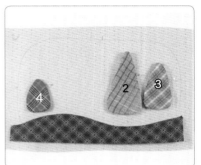

12 將樹木3～4放到土台布上以貼布縫完成固定(貼布縫時請注意只貼縫下層布塊即可，以增加立體感)。

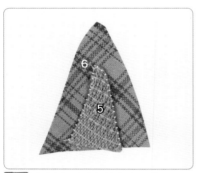

13 如圖先以貼布縫完成帳篷(5、6)部分的組合。

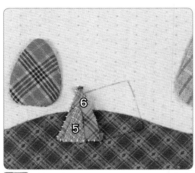

14 將完成的(5、6)部分放到土台布對應位置，並完成貼布縫。

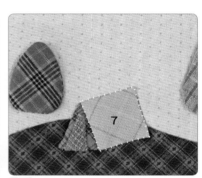

15 最後放上黃色布塊(7)，完成帳篷貼布。

16 如圖將袋身紙型放在表袋身布上畫出記號線。

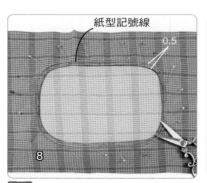

17 如圖沿記號線「內」0.5cm處剪下。

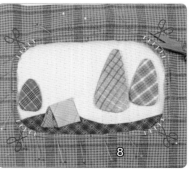

18 將土台布放在表袋身下面以珠針固定，並在圓弧處剪牙口。

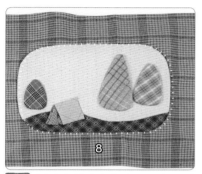

19 以貼布縫將表袋身與土台布縫合。

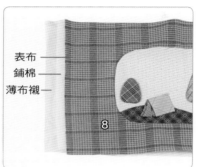

表布 ——
鋪棉 ——
薄布襯 ——

22 將表布、鋪棉、薄布襯依序放置，用熨斗以「外擴式按壓」整燙。

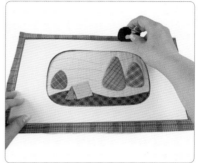

21 如圖將袋身紙型置中擺放在表袋身布上，用粉土描上紙型外圍。

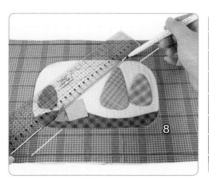

22 移除紙型，在布料的紙型框架以消失筆內畫上壓線的紋路，並壓線完成。

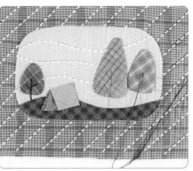

23 以2股刺繡線進行樹幹和帳篷的輪廓繡。

24 如圖完成所有刺繡。

25 如圖再貼上旗幟布(9)。

26 貼布縫上旗桿布(10)。

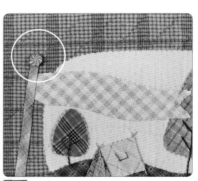

27 縫上裝飾扣子。

28 再放上袋身紙型，沿紙型加0.7cm描繪記號線。

29 用剪刀沿記號線剪下。

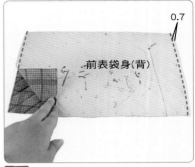

30 將前、後表袋身正正相對並如圖車縫0.7cm固定。

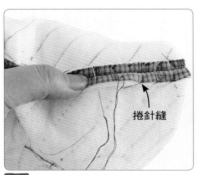

31 將表袋身縫份打開，並以捲針縫將縫份固定。

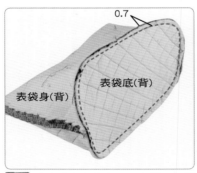

32 將表袋身與袋底正正相對，如圖固定並車縫一圈0.7cm。

33 翻正後以布用彩繪筆在旗幟上寫出文字，並以熨斗隔布整燙定色。

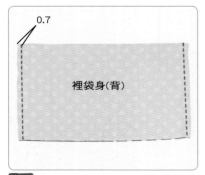

34 依袋身紙型加0.7cm裁出裡袋身，將兩片裡袋身正正相對並如圖車縫0.7cm固定。

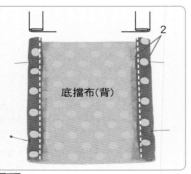

35 將底擋布左右兩側向內摺2摺2cm並沿線車縫固定。

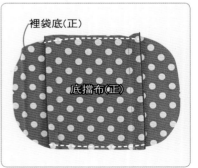

36 將底擋布置中放在裡袋底布上，並如圖車縫固定。

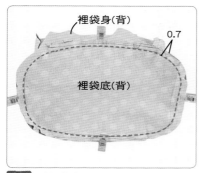

37 將裡袋身與裡袋底正正相對，如圖固定並車縫一圈0.7cm。

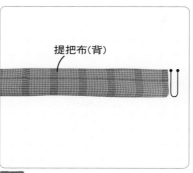

38 將提把布正正相對、對摺。

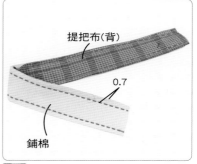

39 將步驟39正正相對的提把布如圖放在鋪棉上，如圖車縫左右兩側0.7cm。

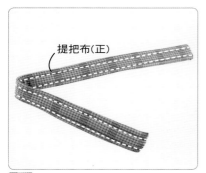

40 翻正並在左右兩側車壓裝飾線0.5cm。

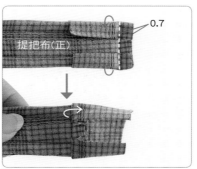

41 使用4.5×6cm的修飾布如圖修飾持手，車縫0.7cm，並翻出修飾布。

42 對摺兩摺以珠針固定，並以貼布縫固定。

43 將內裡置入表袋身內，珠針固定後沿外圍0.5cm處疏縫一圈。

44 將袋口包邊。

45 於袋內置中位置包邊下端縫上磁釦。

46 如圖於中心點左右5.5cm處包邊下端車縫固定提把。

47 以裝飾扣子固定於提把端。

48 放入袋物專用底板即完成作品！

B 款設計

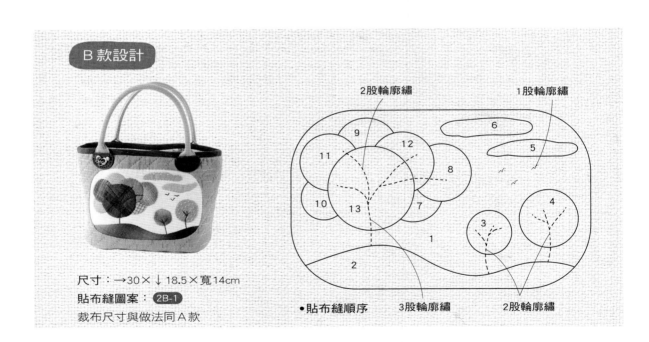

尺寸：→30×↓18.5×寬14cm

貼布縫圖案：2B-1

裁布尺寸與做法同A款

2股輪廓繡　　　1股輪廓繡

6
5
9
12
11　　　8
10　　13　　7　　4
1　　　3
2

•貼布縫順序　3股輪廓繡　2股輪廓繡

50

愛做夢的斜背包

K拼布工作室／郭訓瑋

紙型B面

尺寸 →24×↓17×寬7cm

主要材料
表布、裡布、各色配色布、薄布襯、鋪棉

其他配件
斜布條6尺、18cm拉鍊1條、繡線少許、袋物專用底板
(6×17cm)×1、塑鋼磁釦1組、固定式磁扣1組、斜背
帶1條、2cm的D圈2個、釘式側皮片2組

袋物裁布表
紙　　型：不含縫份，裁布請外加縫份0.7cm
數字尺寸：已含縫份0.7cm。
粗裁部位：依紙型外加2cm校正縫份。

部位名稱	尺寸	襯與鋪棉	片數	備註
表布				
袋身	依紙型 3-2 粗裁	薄布襯(依紙型粗裁) 鋪棉(依紙型粗裁)	2	
袋底	依紙型 3-3 粗裁	薄布襯(依紙型粗裁) 鋪棉(依紙型粗裁)	1	三層壓線後 再依紙型加 0.7cm縫份校 正
後口袋	依紙型 3-4 粗裁	薄布襯(依紙型粗裁) 鋪棉(依紙型粗裁)	1	
袋蓋	依紙型 3A-1 粗裁	薄布襯(依紙型粗裁) 鋪棉(依紙型粗裁)	1	
裡布				
袋身	依紙型 3-2 外加縫份	薄布襯(依紙型外加縫份)	2	
袋底	依紙型 3-3 外加縫份	薄布襯(依紙型外加縫份)	1	
後口袋	依紙型 3-4 外加縫份	薄布襯(依紙型外加縫份)	1	
袋蓋	依紙型 3A-1 外加縫份	薄布襯(依紙型外加縫份)	1	
內口袋	29×26cm	薄布襯(27×24cm)	1	
內拉鍊袋	23×37cm		1	
底擋布	9×24cm	薄布襯(9×20cm)	1	

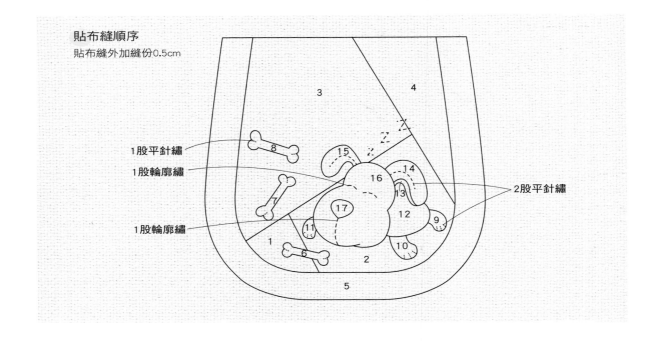

貼布縫順序
貼布縫外加縫份0.5cm

1股平針繡

1股輪廓繡

1股輪廓繡

2股平針繡

3

4

8

15

16

14

13

17

12

11

9

1

10

2

5

◆ 三層壓線

後口袋表布(正)

1 參考P.38完成後口袋布料、鋪棉、薄布三層壓線後，依紙型校正後加上0.7cm縫份剪下，同作法完成兩片「表袋身」與「表袋底」。

◆ 後表袋身製作後口袋

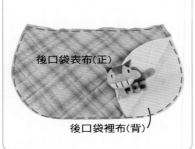

後口袋表布(正)

後口袋裡布(背)

2 如圖將後口袋表布與裡布背面相對疏縫一圈。

後口袋表布(正)

3 於後口袋上端車上包邊布。

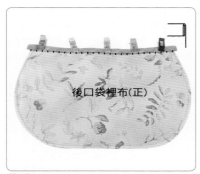

後口袋裡布(正)

4 翻至背面摺兩摺後以貼布縫完成包邊。

表袋身(正)

後口袋表布(正)

5 將後口袋放在表袋身上如圖疏縫固定。

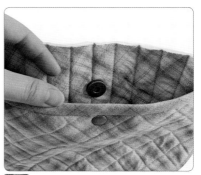

6 依紙型位置安裝磁扣。

◆表袋的組合

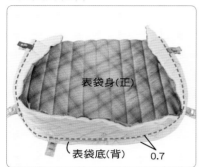

7 將表袋身與袋底正正相對，如圖固定並車縫一圈0.7cm。

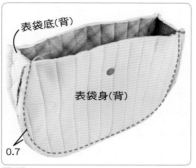

8 另一片表袋身也與表袋底正正相對，如圖車縫一圈0.7cm。

◆內口袋的製作

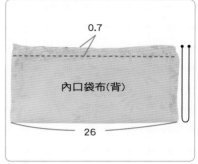

9 內口袋布將布寬為29cm處對摺，正正相對如圖車縫0.7cm固定。

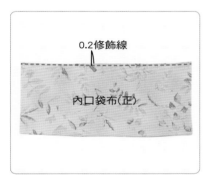

10 翻正後，將摺雙處車縫0.2cm修飾線。

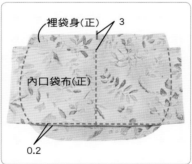

11 將內口袋布放置於內裡袋身上，由中心下降3cm處，如圖車縫固定，約0.2cm。

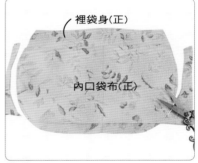

12 將多餘內口袋布剪掉。

◆內一字拉鍊袋的製作

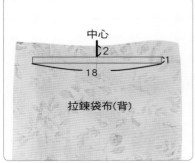

13 先在拉鍊布背面，中心下降2cm處，置中畫上18×1cm的長方框。

14 將拉鍊布與裡袋身正正相對，置中對齊以珠針固定，沿長方框車縫。

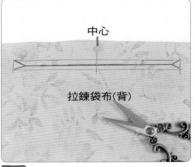

15 如圖剪開Y字牙口，並翻正面。

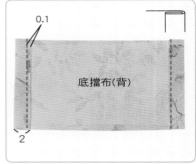

16 將拉鍊放置下方，如圖車縫 0.1cm固定線 。

17 將背面的拉鍊布正正相對摺起，如圖車縫0.7cm固定線。

18 將底擋布兩側向內摺2cm兩摺，如圖車縫0.1cm固定線。

◆ 裡袋的組合

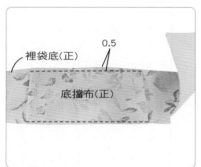

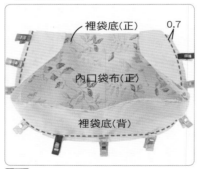

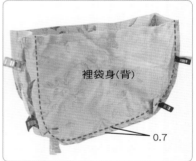

19 將底擋布置中放在裡袋底上，如圖車縫0.5cm固定線。

20 將內裡袋身與袋底正正相對，如圖固定並車縫一圈0.7cm。

21 另一片裡袋身也與袋底正正相對，如圖車縫一圈0.7cm，即完成裡袋的製作。

◆ 表袋＋裡袋的組合

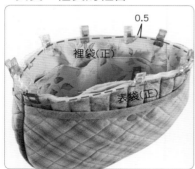

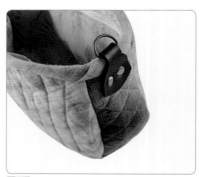

22 將裡袋放入翻正的表布袋身中，如圖並用手疏縫0.5cm一圈。

23 將袋口處包邊。

24 在袋口兩側裝上皮片與D圈。

◆袋蓋貼縫圖案

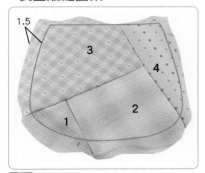

25 依紙型上標示順序組合1～4號布片(注意：周圍須預留1.5cm縫份)。

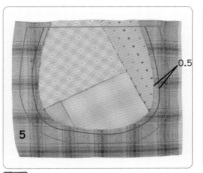

26 將5號布放在步驟25上，內緣記號線外預留0.5cm。

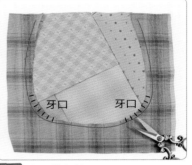

27 在凹彎處剪牙口。

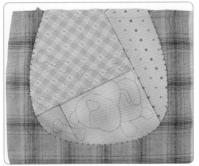

28 完成貼布後將小狗與骨頭描繪於袋蓋上。

29 依序完成貼布。

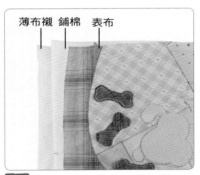

薄布襯　鋪棉　表布

30 袋蓋表布、鋪棉、薄布襯，依上圖順序疊放，用熨斗以「外擴式按壓」整燙。

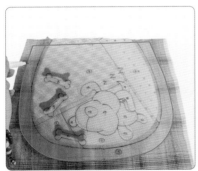

31 將袋蓋紙型置中擺放，用消失筆沿紙型外圍描繪記號線。

32 移除袋蓋紙型，在記號線框架內畫上壓線的紋路。

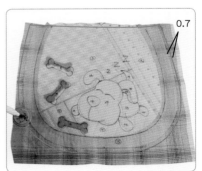

33 三層壓線後再放上袋蓋紙型做校正後，再加0.7cm縫份畫好記號線。

◆表裡袋蓋組合＋包邊

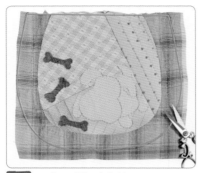

34 用剪刀沿記號線剪下。

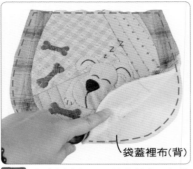

袋蓋裡布(背)

35 完成刺繡部分，將袋蓋表、裡布背面相對疏縫一圈。

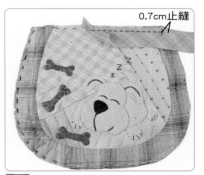

0.7cm止縫

36 袋蓋包邊請由上端中心開始車上包邊布，並於實際位置處止縫。

37 如圖將包邊布往上翻。

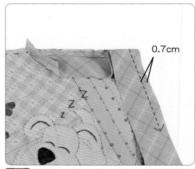

0.7cm

38 再將包邊布往下摺，並開始車縫0.7cm。

39 如圖車縫包邊至另一端的實際位置處止縫。

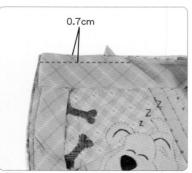

0.7cm

40 如圖將包邊布往左翻。

41 再將包邊布往右摺，車縫0.7cm後並完成包邊。

◆袋身與袋蓋的組合

42 將袋蓋至中放於袋身包邊下，如圖貼縫固定。

56

◆安裝配件

43 翻開後於袋蓋內如圖貼縫固定。

44 依紙型位置縫上磁釦。

45 放入袋物專用底板。

46 勾上您喜歡的斜背袋即完成作品！

B 款設計

尺寸：→24×↓17×寬7cm

紙型：**3B-1**

裁布尺寸與做法同A款

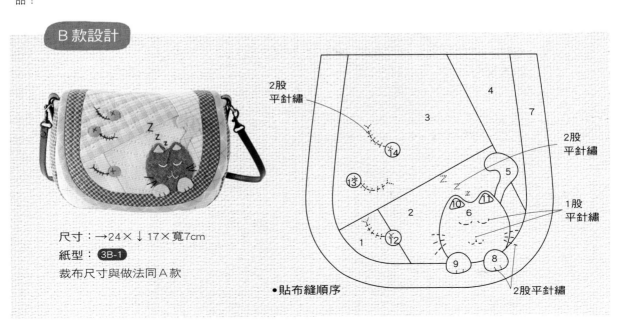

2股平針繡

2股平針繡

2股平針繡

1股平針繡

2股平針繡

•貼布縫順序

NO.4

Sang娃阿蝶銅鑼萬用包

設計製作／黃　珊

紙型A面

尺寸 →16×↓16×寬2.5cm

主要材料

表布、裡布、各色配色布、雙膠鋪棉、厚布襯、胚布

其他配件

包邊布(4×58cm)×2、5V加寬碼裝拉鍊52cm×1、拉鍊頭×2、拉鍊下止×2、薄布用待針(疏縫線)、薄紙板(3×3cm)×1、繡線、裝飾珠扣、壓克力顏料

袋物裁布表

紙型已含縫份；數字尺寸皆已含縫份。

部位名稱	尺寸與	襯與鋪棉	片數	備註
表布				
前、後片表布	20×20cm	雙膠鋪棉(20×20cm)×1	2	三層壓線後依紙型 4A 校正裁剪
		胚布(20×20cm)×1		
裡布				
前、後片裡布	依紙型 4A	厚布襯(依紙型×)1	2	

貼布縫順序　貼布縫外加縫份0.5～0.7cm

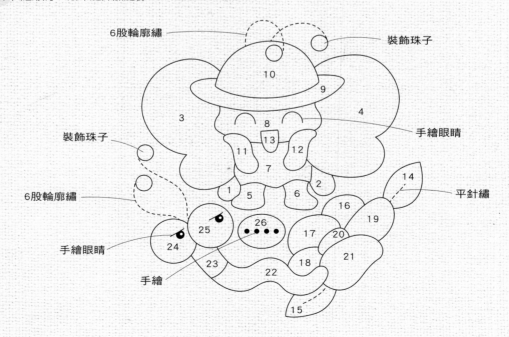

◆貼縫圖案描繪

1 依紙型用細字麥克筆在膠板上描繪貼布圖案,並寫上號碼。

2 描繪時,區塊間的交界點要稍做記號點。

3 如圖沿著版型圖案外圍各自剪下。

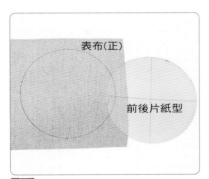

4 表布整燙後以消式記號筆描繪出前後片紙型(已含縫份0.7cm)。

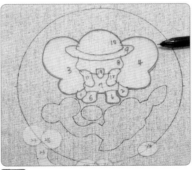

5 如圖將步驟3置中排列在前後片紙型線內,再畫出圖案輪廓線。

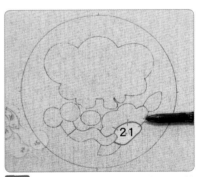

6 先將圖案型版依編號拆解,再對準記號點以拼接方式獨立描繪(**遇記號點要一併標上**)。

◆貼縫布片的製作

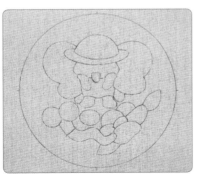

7 完成貼布圖案的描繪。

8 將拆解後的圖案型版放在貼布縫棉布正面上描繪。

9 預留縫份0.5〜0.7cm裁下,同法完成所有貼布縫布塊。

◆圖案的貼縫方法

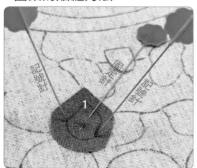

10 依照貼縫順序，先以待針垂直插入對應記號點，再取一待針以「垂直穿入、斜針穿出」的方式固定布片。

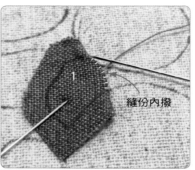

縫份內撥

11 拔除記號點待針，對齊描繪線、用一般平針將貼縫布縫份往內撥，並以單線貼布縫(藏針縫)縫合。

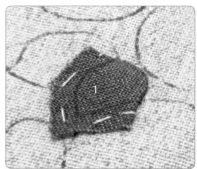

12 將重疊部份的縫份疏縫固定。

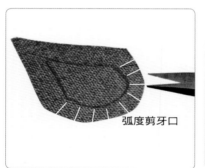

弧度剪牙口

13 弧度愈大，縫份牙口愈密。

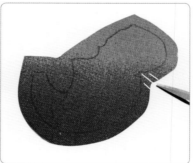

14 往內直角如圖剪牙口。

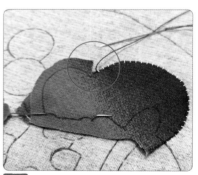

15 貼縫至直角前一針距停針。

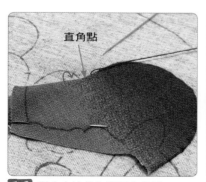

直角點

16 對向布塊往內翻至直角點。

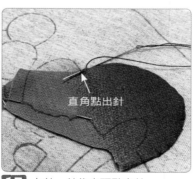

直角點出針

17 上針、針位由頂點出針。

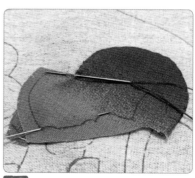

18 翻回布塊繼續貼縫。

◆葉子貼縫方法

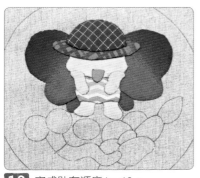

19 完成貼布順序1～13。

20 往外直角部份(葉子頂端)右邊縫份往後摺。

21 再摺左邊縫份。

22 多餘的縫份再往後摺(正)。

23 貼縫到葉子頂端，前一針距時右下針、左出針。

24 勿在葉子頂端下出針，才能保有完美頂角。

◆圓形的貼縫方法

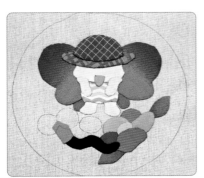

25 完成貼布順序1～23。

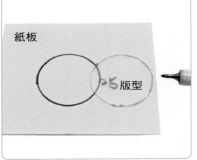

26 圓型部份(貼縫順序24～25)，薄紙板上描繪型版後剪下。

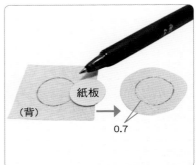

27 依紙型在棉布背面畫好圓、預留縫份0.7cm剪下。

28 如圖在縫份內單線疏縫(不重疊)後，再將紙板放在中間。

29 拉線後「由外往內」，以「中溫」整燙外圍一圈塑型。

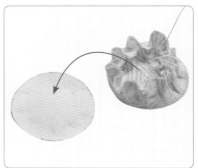

30 冷卻後輕輕取出紙板。

31 再次拉線至塑型線，並以「中低溫垂直壓燙」。

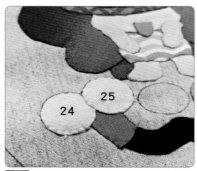

32 重疊完成24、25的貼縫。

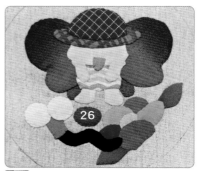

33 最後完成布片26的貼縫，即完成所有貼布縫。

◆ 觸鬚的繡法

34 繡線6股輪廓繡縫製觸鬚部份，由1～2底中心下針。

35 在如圖由4入針、5出針。

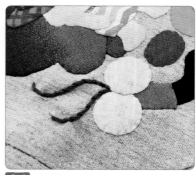

36 完成觸鬚的繡線部份。

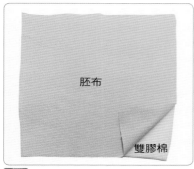

胚布

雙膠棉

37 熨斗以「輕滑過」的方式將胚布燙貼於雙膠鋪棉。

38 將前片表布擺放在鋪棉另一面，並修剪過多的鋪棉。

39 避開前片表布紙型描繪線，以熨斗壓燙四周固定。

◆落針壓線

40 如圖用待針取代疏縫線，固定前片表布、鋪棉和胚布。

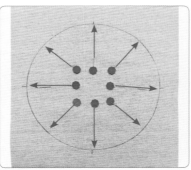

41 待針的固定方法：由中心往四周做放射狀疏縫(垂直穿入、斜針穿出將表布、鋪棉、胚布三塊一同固定。

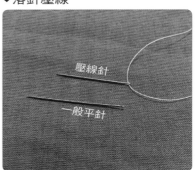

壓線針

一般平針

42 以壓線針(比一般平針略短)穿入壓線單線作業。

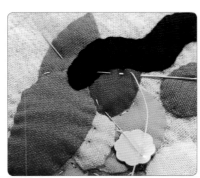

43 落針壓：常用於上下兩個高低區塊(如貼布縫)沿著上塊臨邊在下塊壓線。

44 壓線中若遇待針阻礙先停針。

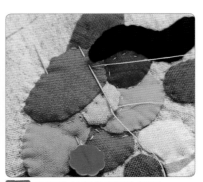

45 取下待針再往旁固定即可。

63

◆平針壓線

46 收針時留一針距迴針。

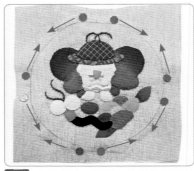

47 完成落針壓線後,接著進行平針壓線,如圖先在前片表布紙型線外圍以待針疏縫固定。

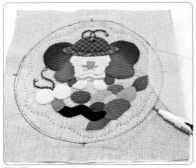

48 完成壓線後,縫上裝飾珠釦,再放上前片紙型,以黑色細字麥克筆沿邊描繪校正。

49 如圖靠近麥克筆描繪線,以中低溫臨邊壓燙後裁下。

50 完成前片表布的製作。

51 同前片表布壓線、校正作業,依喜好在後片表布壓線(示範菱格紋)。

◆前、後片裡布的製作

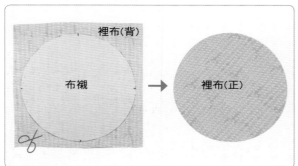

52 依前後片紙型剪下布襯,並燙貼再裡布背面後,如圖裁下,共完成兩片前、後片裡布。

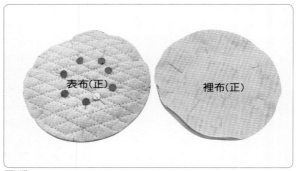

53 前、後片表裡布背面對背面,以待針固定。

54 取斜布條如圖置於表布上，第一道車縫0.7cm一圈。

55 背面以藏針縫將包邊縫合。

56 完成前、後片的包邊。

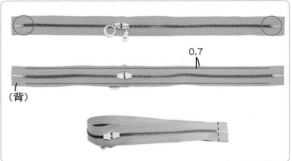

57 52cm碼裝拉鍊雙頭置入拉鍊頭，拔除拉鍊齒餘47cm後兩端加裝拉鍊下止完成48cm長雙向拉鍊。在拉鍊長邊反面畫出0.7cm縫份線，正面相對車合拉鍊短邊縫份，形成兩個拉鍊圈。

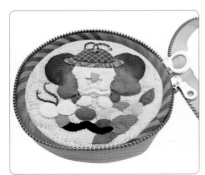

58 前、後片分別套入拉鍊圈，包邊臨邊靠近拉鍊齒下方。

59 強力夾固定。

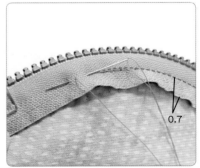

60 針距放小，由背面以單線迴針縫在0.7cm縫份線上縫合一圈。

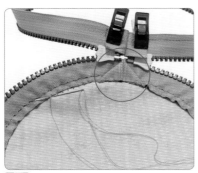

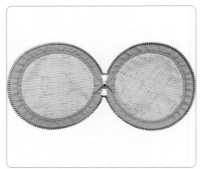

61 拉鍊短邊縫份往下折45度角，連同拉鍊布臨邊藏針縫固定。

62 完成前後片縫製縫製拉鍊步驟。

63 壓克力顏料畫上眼睛部分，作品完成。

B 款設計

尺寸：→16×↓16×寬2.5cm

貼布縫圖案：**4B**

裁布尺寸與A款相同

裝飾珠子

6股輪廓繡

6股輪廓繡

裝飾珠子

手繪眼睛

手繪眼睛

平針繡

•貼布縫順序

Sang娃阿鍬
卡片存摺燒餅夾

設計製作／黃　珊

尺寸 →17.5×↓10.5×寬5cm

主要材料
表布、裡布、各色配色布、雙膠鋪棉、厚布襯、胚布

其他配件
斜布條(4.5×100cm)×1、卡片夾層內頁×1、鉚釘2組、皮扣(建議全長10cm以上)×1組、薄布用待針(疏縫線)、薄紙板(3×3cm)×1、繡線、壓克力顏料

袋物裁布表
紙型已含縫份1cm；數字尺寸皆已含縫份1cm。

部位名稱	尺寸	襯與鋪棉	片數	備註
表布	20×29cm	雙膠鋪棉(20×29cm)×1 胚布(20×29cm)×1	1	三層壓線後依紙型 5A 校正裁剪
裡布	19×27cm	厚布襯(依紙型 5A)×1	1	

貼布縫順序　貼布縫外加縫份0.5～0.7cm

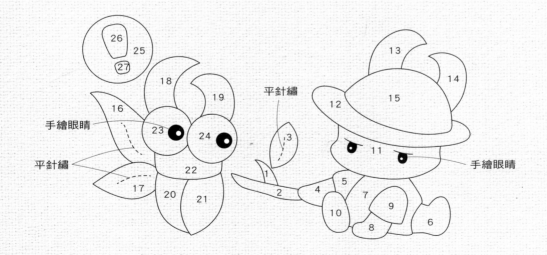

◆圖案的貼縫

1 以細字麥克筆在膠版上描繪出貼布圖案,並寫上編號(**描繪時區塊間的交界點要如圖稍超出做為記號點**)。

2 如圖沿著圖案外輪廓各自剪下。

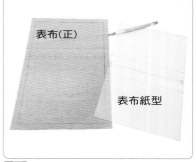

3 以可消式記號筆在表布上描繪出表布紙型(以素色布示範)。

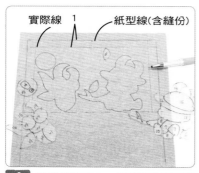

4 紙型線往內1cm(縫份)畫出實際線,並將步驟2置中排列並描繪出輪廓線。

5 依編號拆解圖案型版,對準記號點,以拼接方式獨立描繪。

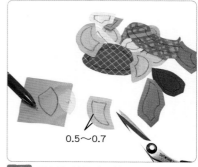

6 將拆解的圖案型版放在貼布縫棉布正面描繪,預留縫份0.5～0.7cm裁下,完成所有貼布縫棉布布塊。

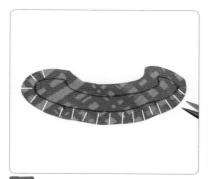

7 遇圓弧剪牙口、弧度越大縫份牙口越密。

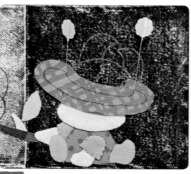

8 照貼布縫順序編號,運用待針垂直插入對應記號點。

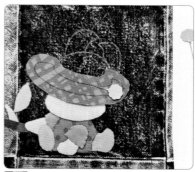

9 另取一待針以垂直穿入斜針穿出固定貼布棉布後,拔除記號點待針。

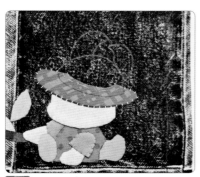

10 上下兩塊描繪線對齊、使用一般平針將上塊縫份往內撥，以單線進行貼布縫(藏針縫)縫合，重疊處的縫份固定。

11 完成編號1～15部片的貼縫。

12 參考P.61步驟20～24進行葉子的貼縫，貼縫到頂端前一針距時右下針左出針，完成貼布順序1～22。

◆三層壓線

13 參考P.61～62步驟26～31製作貼布順序23～25的圓，並重疊縫合貼布順序23～24。

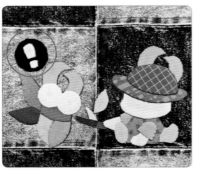

14 貼縫貼布順序25～27後，完成所貼布縫部分。

15 無貼布縫的平整區塊先描繪出壓線記號線(示範菱格紋)。

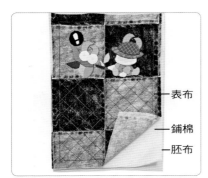

表布
鋪棉
胚布

16 表布、鋪棉、胚布如圖重疊。

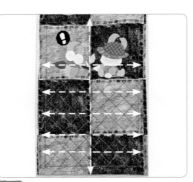

17 由中心往外進行疏縫，每4～5cm為一針距。

18 依紙型記號線上進行最後疏縫(每1～2cm為一針距)。

19 貼布縫區塊壓線示意圖。

20 完成所有壓線步驟後拆除疏縫線，放上表布紙型重新描繪校正後，修剪超出多餘的鋪棉。

21 以熨斗在紙型的實際記號線上燙壓。

22 最後依實際紙型記號線裁剪。

裡布（背）

厚布襯

23 依表布紙型剪出厚布襯，並燙在裡布上，

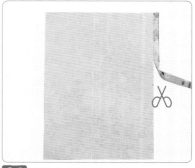

24 沿厚布襯邊修剪裡布。

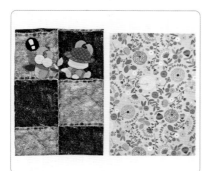

25 完成表布和裡布各一片。

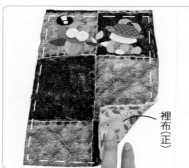

裡布（正）

26 對準中心點表、裡布背對背疏縫固定。

◆ 滾邊的製作

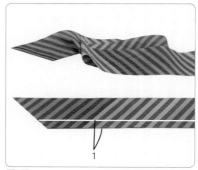

1

27 裁取4.5cm寬斜布條在背面描出1cm的車縫線。

28 斜布條起頭往下摺45度與表布面正面相對開始進行車合。直角處：前1cm針距先收針。

29 往上摺45度。

30 再往下摺和表布邊平齊，繼續車合一圈。

31 收針與起針斜布條重疊。

32 修剪多餘縫份。

33 斜布條車合第一道完成的樣子。

34 反面斜布條一摺再摺擋掉第一道車合線，以藏針縫縫包邊。

前一針距停針

35 包邊直角處：前一針距先停針。

36 手縫針與裡布邊垂直往下頂住對向斜布條。

37 對向斜布條往內摺成45度角。

38 如圖由角的地方出針。

39 包邊一圈完成。

40 卡片內頁夾層以鉚釘取中心固定。

41 表面取短邊中心縫製皮釦。

42 以壓克力顏料畫上眼睛部分即完成。

B 款設計

尺寸：→17.5×↓10.5×寬5cm

貼布縫圖案： 5B

裁布尺寸與A款相同

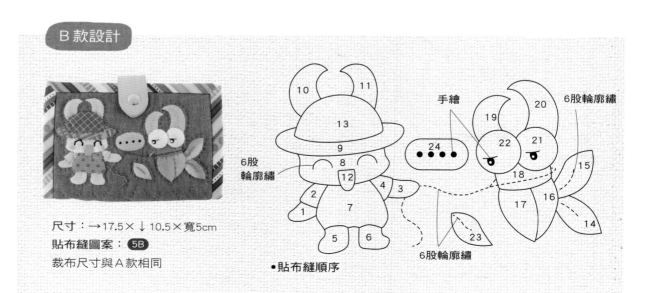

手繪

6股輪廓繡

6股輪廓繡

6股輪廓繡

•貼布縫順序

兔爸兔媽零錢包

潘妮拼布／潘　妮

尺寸 →11.5×↓ 12.5×寬5cm

主要材料
表布、裡布、各色配色布、鋪棉(35×18cm)×1、
胚布(35×18cm)×1

其他配件
滾邊條(70×4cm)×1、18cm拉鍊×1繡線、壓克力顏料

袋物裁布表
紙型與數字尺寸皆已含縫份1cm。

部位名稱	尺寸	襯與鋪棉	片數	備註
表布				
表布ABC	A（16×16cm） B（8×16cm）　三片拼接 C（16×16cm）	雙膠鋪棉 胚布	1	三層壓線後依紙型 **6A** 校正裁剪
裡布	依紙型 **6A**		1	

貼布縫順序　貼布縫外加縫份0.5cm

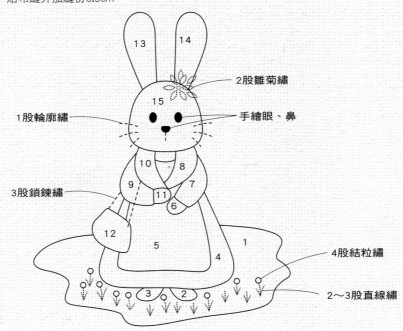

2股雛菊繡

手繪眼、鼻

1股輪廓繡

3股鎖鍊繡

4股結粒繡

2～3股直線繡

◆ 表布的拼接

1 將自己喜歡的配色布一一拼接成片，做為表布。

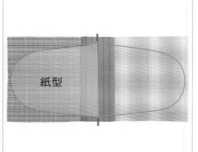

2 然後如圖將表布紙型描繪至拼接成片的表布上面。

◆ 圖案的貼縫

3 在厚磅描圖紙上描繪出貼布縫圖案，並如圖依輪廓剪下，再如圖將圖案描繪在表布上。

4 將圖案1的描繪在配色布上。

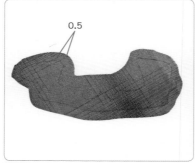

5 留縫份0.5cm後剪下，同步驟4～5依號碼順序剪下所有部位(縫份請留0.5cm)。

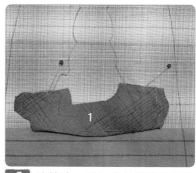

6 貼縫時，利用珠針將配色布稍加固定。

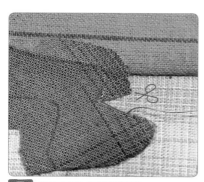

7 縫至轉角處請稍剪牙口。

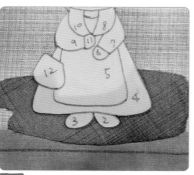

8 完成1號貼圖後，再放上描圖紙圖案紙型描繪校正一次。

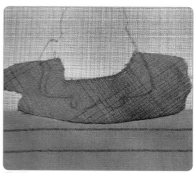

9 這樣就可以確保貼縫後的貼圖不會變形。

◆ 三層壓線

10 同法完成其他部位的貼縫。

11 完成全部貼縫。

12 接著在表布畫上壓線圖形(可依個人喜好畫)。

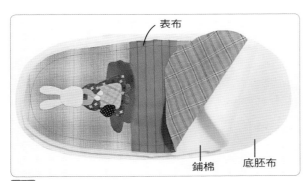

表布

鋪棉　底胚布

13 開始鋪棉:底胚布+鋪棉+表布。

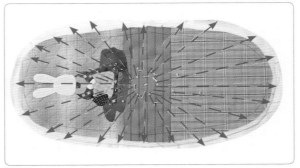

14 然後由中心向外做放射狀疏縫。

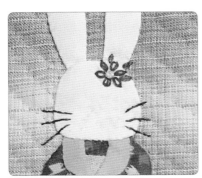

15 壓線完後,頭上小花雛菊繡(2股)、鬍鬚輪廓繡(1股)。

16 取3股繡線以鎖鏈線完成手提袋的提把。

17 再繡上花草點綴:草直線繡2～3股,小花結粒繡4股。

75

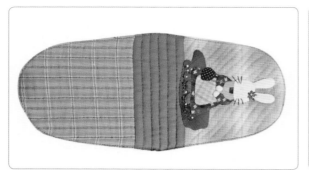

18 依袋身紙型再校正一次。

19 剪裁與表布同等尺寸裡布一片。

20 將裡布與表布反面相對，四周包縫滾邊條。

21 包邊完成的樣子。

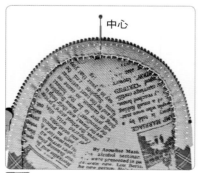

中心

22 取上方口布處中心位置擺放拉鍊縫上。

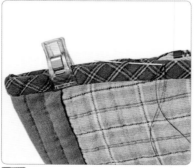

23 完成拉鍊後，底部的缺口利用藏針縫合。

24 底部缺口以藏針縫合。

25 將底部左右3cm處對角直線車縫。

26 然後將縫份往上縫合固定圖。

27 眼睛請用錐子沾壓克力顏料畫上，待乾後再輕輕點上白點，鼻子一樣用咖啡色顏料畫上後即完成。

B 款設計

尺寸：→11.5×↓12.5×寬5cm

紙型：6B

裁布尺寸與做法同A款

手繪眼、鼻

1股輪廓繡

14　15

16

13　5　9

12　11　8

10　7　6

4股結粒繡

1　4

3　2

2～3股直線繡

•貼布縫順序

77

貪睡浣熊木頭口金包

潘妮拼布／潘　妮

尺寸 →24×↓21×寬11.5cm

主要材料

先染布25×30cm(後片)、側底15×70cm、配色布數
片、胚布80×80cm、鋪棉80×80cm、裡布1.5呎

其他配件

出芽60cm×2(4mm)、20cm木頭口金、背帶130cm

袋物裁布表

紙型不含縫份，裁布請外加縫份；數字尺寸皆已含縫份。

部位名稱	尺寸與	襯與鋪棉	片數	備註
表布A				
前片	依紙型 7-1 粗裁	鋪棉＋胚布	1	三層壓線後依紙型校正，外加縫份
表布B				
後片	依紙型 7-1 粗裁	鋪棉＋胚布	1	三層壓線後依紙型校正，外加縫份
出芽布	4×60cm		2	
表布C				
側底	依紙型 7-2 粗裁	鋪棉＋胚布	1	三層壓線後依紙型校正，外加縫份
裡布				
前後片	依紙型 7-1		2	
側底	依紙型 7-2		1	
裡口袋	依個人喜好製作			

貼布縫順序

貼布縫外加縫份0.5cm

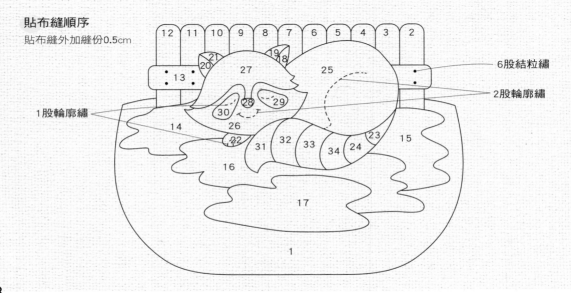

6股結粒繡

2股輪廓繡

1股輪廓繡

◆作品示範

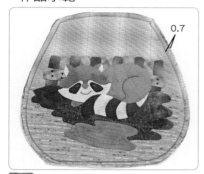

0.7

1 請先將前片表布依順序貼布縫後與鋪棉、胚布三層壓線(貼縫、鋪棉壓線請參考P.00做法),接著完成繡線部位後依紙型校正,留0.7cm縫份。

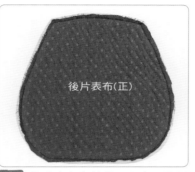

後片表布(正)

2 後片表布與鋪棉、胚布三層壓線,再依紙型校正後預留0.7cm縫份剪下。

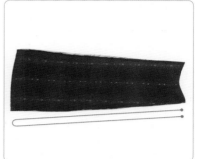

3 側底表布與鋪棉、胚布三層壓線,再依紙型校正後預留0.7cm縫份剪下。

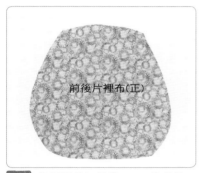

前後片裡布(正)

4 依紙型外加縫份0.7cm後裁剪二片前、後片裡布備用。

側底裡布(正) 側底表布(正

5 依紙型裁剪1片側 底裡布備用。

6 製作出芽：將3.5cm斜布條如圖拼接。

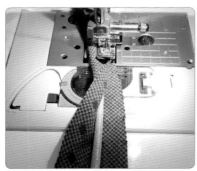

7 將斜布條對摺包縫4mm棉繩即完成出芽的製作。

8 將完成的出芽車在前、後片表布上。

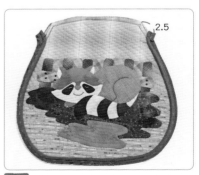

2.5

9 出芽擺放的前端請預留2.5cm。

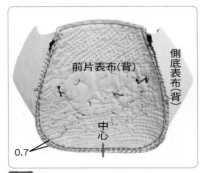

10 找出表袋前、後和側底中心位置,將前後片表布稍疏縫後,再於四周車縫0.7cm組合。

11 前片表布與側底表布車縫完成的樣子。

12 同法組合上後片表布,即完成表袋。

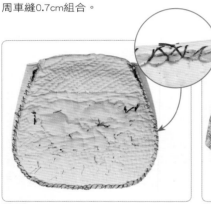

13 將組合好的表袋翻至背面,將縫份導向往內捲縫,這樣可使袋物更挺。

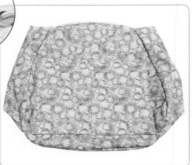

14 同表袋組合方式完成裡袋的組合(內口袋請依個人喜好製作)。

15 將裡袋套入表袋內(正面相對)。

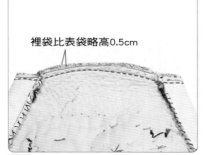

16 將四周車縫,記得在後表袋身袋口處留返口10cm(擺放時請將裡布往上拉提0.5cm)。

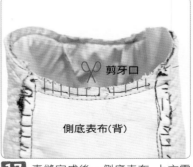

17 車縫完成後,側底表布 上方需剪些牙口。

18 翻回正面。

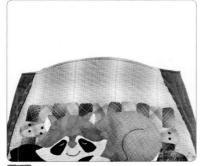

19 翻至正面後將返口縫合。

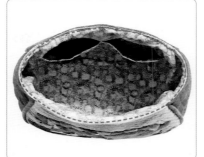

20 然後在袋口車壓縫一圈。

21 找出鎖口金的中心位置。

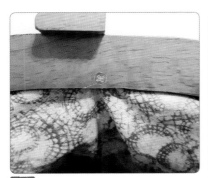

22 然後將中心口布往木頭中間螺絲洞推入，並鎖上螺絲。

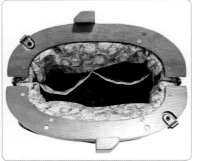

23 再鎖上其他螺絲口即可。

24 包包主體完成。

25 最後鉤上斜背袋就完成了！

B 款設計

尺寸：→24×↓21×寬11.5cm

紙型：**7-1**

裁布尺寸與A款相同

將浣熊和草地部份依需求縮小，並依自己喜好添加上葉子等裝飾，就可以自由創作出不同風貌！

NO.8

可愛布偶熊卡套

糖糖の畫筆彩繪、快樂手作／糖糖

尺寸 →9×↓12cm

主要材料
先染布、胚布、雙膠薄鋪綿、配色布、裡布

其他配件
3.6cm寬滾邊條(約需45cm)、直徑1cm壓鈕×2組、直徑1cm雞眼鈕×1組、1.2cm小勾鈕×1個、25號繡線(咖啡色)、黑色、白色壓克力顏料

袋物裁布表
紙型：除滾邊部位已含縫份外，其餘均未含縫份，請外加縫份0.7cm。
數字尺寸：已含縫份。
粗裁：三層壓線部位，請預留0.7～1cm收縮尺寸。

部位名稱	尺寸	燙襯	片數	備註
表布				
前片	依紙型 8A-1 粗裁	雙膠鋪棉＋胚布	1	粗裁後與鋪棉＋胚布三層壓線，再依紙型修剪
後片	依紙型 8A-2 粗裁	雙膠鋪棉＋胚布	1	
袋蓋	依紙型 8-3	雙膠鋪棉	1	
手提帶	↑5×22cm		1	
裡布				
前片	依紙型 8A-1		1	紙型已含滾邊縫份
後片	依紙型 8A-2		1	上方另加0.7cm縫份
袋蓋	依紙型 8-3		1	縫份外加0.5～0.7cm

貼布縫順序　貼布縫外加縫份0.3～0.5cm

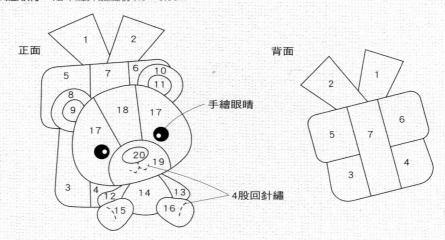

正面　　　　　　　　　　　　　背面

手繪眼睛

4股回針繡

◆貼縫圖案

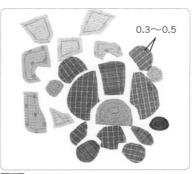

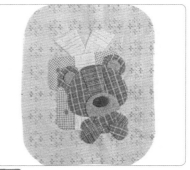

1 依前片紙型外加0.7～1cm粗裁尺寸裁出一片前片表布，並利用布用複寫紙與鐵筆，畫上貼布縫圖案。

2 依照前片紙型上的貼布縫圖案紙型，裁剪各配色布數片(貼布縫縫份外加約0.3～0.5cm)。

3 依照貼縫圖案順序，用立針縫法將配色布貼縫至前片表布對應的位置，再用熨斗燙平。

◆繪製眼睛

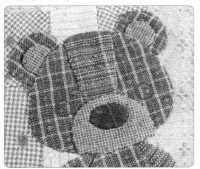

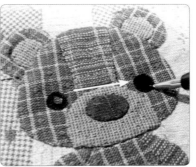

4 依紙型用記號筆畫出布偶熊的眼睛位置。

5 鐵筆沾黑色壓克力顏料，先以點畫方式先慢慢畫出眼睛輪廓，再將眼睛塗滿。

6 黑色顏料乾透後，再以鐵筆沾白色顏料點畫出眼睛的白點，待顏料乾透後再用熨斗將表布整燙。

◆壓線

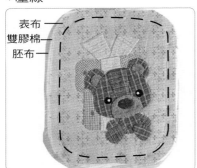

7 「前片表布＋雙膠鋪棉＋胚布(薄布)」三層整燙後用疏縫線在外圍疏縫一圈。

8 如圖將貼縫圖案做落針壓線後，再用熨斗燙平。

9 先依紙型畫出嘴巴位置，再取25號咖啡色繡線2股線，穿過刺繡針對摺成4股，以回針繡法繡出嘴巴。

◆後片的貼縫與壓線

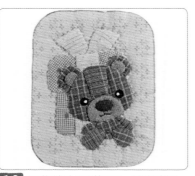

10 再依前片紙型校正，並修剪好。

11 依後片紙型外加0.7～1cm粗裁尺寸裁出一片後片表布，並利用布用複寫紙與鐵筆，畫上貼布縫圖案記號。

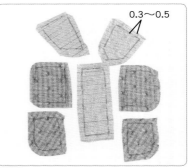

0.3～0.5

12 依照後片紙型上的貼布縫圖案紙型，裁剪各配色布數片（貼布縫縫份外加約0.3～0.5cm）。

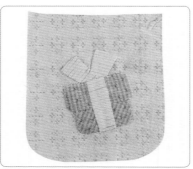

13 依貼縫順序以立針縫法將配色布貼縫至後片表布對應的位置上，完成貼縫後再用熨斗整燙。

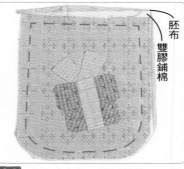

胚布

雙膠鋪棉

14 「後片表布＋雙膠鋪棉＋胚布（薄布）」三層燙黏好，再以疏縫線疏縫外圍一圈。

15 如圖沿貼縫圖案做落針壓線後，再整燙好。

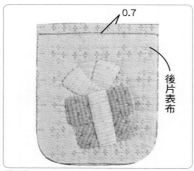

0.7

後片表布

16 依紙型校正，並於上方留下0.7cm後修剪好。

0.7

後片裡布

17 依後片紙型，上方外加0.7cm縫份（∪型部份不再加縫份）後，裁剪1片後片裡布。

後片裡布（背）

18 後片表布與裡布正面相對，用珠針暫時固定

後片裡布(背)

19 如圖將上方縫合。

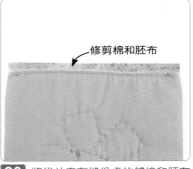

修剪棉和胚布

20 將後片表布縫份處的鋪棉和胚布薄修剪掉(**不要剪到縫線**)。

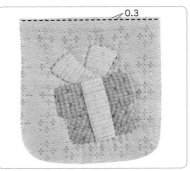

0.3

21 如圖翻回正面整燙好,並在上方距布邊0.3cm處壓一道線。

◆後片安裝壓扣

22 依紙型在後片畫出壓扣位置,並用錐子由中心點刺出洞。

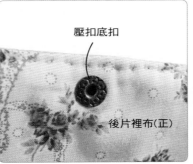

壓扣底扣

後片裡布(正)

23 將壓扣底扣從裡布面穿入洞。

壓扣公扣

後片表布(正)

24 正面再放上公扣。

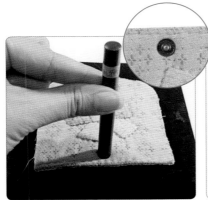

25 利用手敲工具安裝固定好壓扣的公扣。

◆袋蓋的製作

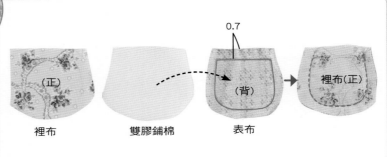

0.7

(正)

裡布

(背)

表布

裡布(正)

雙膠鋪棉

26 依袋蓋紙型外加0.7cm縫份,裁剪出表布、雙膠鋪棉、裡布各一片,再將鋪棉燙黏在表布背面後,與裡布背面相對,上方留返口,車縫U形三邊。

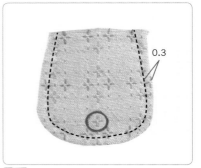

縫份修棉 → 剪牙口 → 翻正面

27 將縫份處的鋪棉修剪掉（**不要剪到縫線**），並如圖剪數個牙口，再從返口翻回正面整燙好。

◆袋蓋安裝壓扣

0.3

28 如圖距布邊0.3cm處壓線，再依紙型畫出壓扣位置記號。

29 用錐子由置中心點刺出洞，再將壓扣的面扣從正面穿過洞。

30 背面再放上母扣。

31 再利用手敲工具安裝固定好壓扣的母扣。

◆前後片組合與滾邊

前片裡布(正)

32 依照前片紙型裁剪一片前片裡布（已含縫份不需外加縫份）。

33 將袋蓋與後片的壓扣相互扣合。

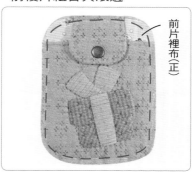

前片裡布(正)

34 先將前片表、裡布背面相對好，再放上後片與袋蓋，並疏縫固定。

35 用滾邊器將3.6cm寬的斜布條摺燙好。

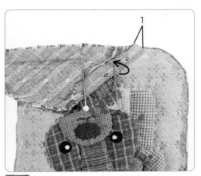

36 斜布條開頭處往內摺約1cm。

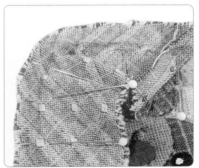

37 沿著布邊置放在前片表布上。

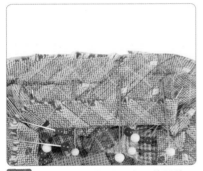

38 一邊用珠針暫時固定一整圈後，斜布條尾端需與開頭處重疊1～2cm。

39 在距布邊0.7cm畫出縫合記號線，並車縫一圈。

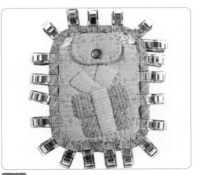

40 一邊用熨斗整燙，一邊將斜布條翻到背面摺好，並用強力夾暫時固定一圈。

◆安裝雞眼扣

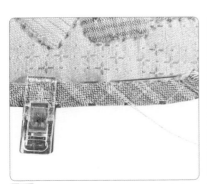

41 用藏針縫法一邊將斜布條縫合固定在卡套的背面，一邊拿掉強力夾。

42 完成包邊。

43 依前片紙型在卡套背面畫出雞眼扣位置後，再利用直徑0.3～0.4cm的丸斬由記號中心打出洞來。

44 打出洞後，將雞眼扣的環扣從卡套正面套進洞裡，再由背面放上套片。

45 利用雞眼扣手敲工具，將雞眼扣安裝固定。

◆ 手提帶的製作

正面　　背面

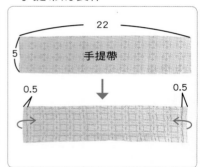

手提帶
22
5
0.5　　　0.5

46 安裝好雞眼扣的的正面與背面。

47 完成卡套主體。

48 裁剪 1 片↑5×22cm手提帶，先將左右各往內摺0.5cm。

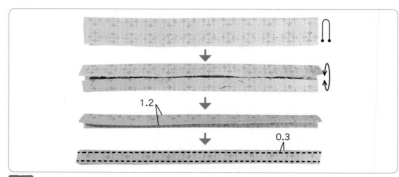

1.2
0.3

49 將布條對摺燙出中心線後打開，再將上下布邊對齊中心線對齊、整燙，再對摺使布條摺燙成約1.2cm寬，並於兩長邊分別距布邊0.3cm處壓線。

50 布條一端穿過小勾釦後對摺，在適當位置安裝上壓扣的公扣。

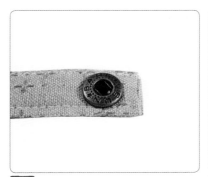

51 布條的另一端適當位置上則安裝壓扣的母扣。

52 最後將壓扣扣合後，即完成可扣合的手提帶。

53 將手提帶的小勾扣從卡套主體上的雞眼扣位置勾住，即完成整個「可愛布偶熊卡套」。

B 款設計

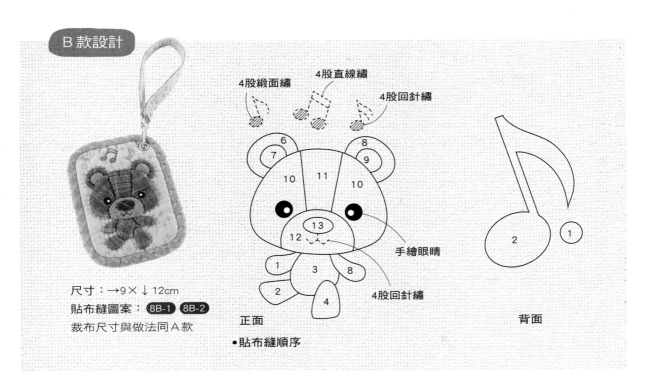

尺寸：→9×↓12cm

貼布縫圖案： 8B-1 8B-2

裁布尺寸與做法同A款

4股緞面繡　4股直線繡　4股回針繡

正面

手繪眼睛

4股回針繡

背面

• 貼布縫順序

大眼女孩支架口金包

糖糖の畫筆彩繪、快樂手作／糖糖

尺寸 →11×↓11×底寬8cm

紙型 A 面

主要材料

先染布、胚布、雙膠薄鋪棉、配色布、裡布、薄布襯

其他配件

10cm×4cm方型支架口金二支一組、3V塑鋼拉鍊22.5cm
一條、直徑6mm圓形裝飾鈕釦一個、25號繡線（咖啡
色、黃色）、黑色、白色壓克力顏料

袋物裁布表

紙型：不含縫份，裁布請外加縫份0.7cm。

粗裁：三層壓線會收縮，請外加收縮尺寸1.5～2 cm。

部位名稱	尺寸與紙型	襯與鋪棉	片數	備註
表布 A				
前片	依紙型 9A-1 粗裁	雙膠鋪棉＋胚布	1	與鋪棉＋胚布三層壓線，再依紙型校正後外加縫份修剪
後片	依紙型 9A-2 粗裁		1	
表布 B				
前片	依紙型 9A-3 粗裁	雙膠鋪棉＋胚布	1	
後片	依紙型 9A-4 粗裁		1	
拉鍊擋片	依紙型 9-5	薄布襯	4	利用前、後片表布B修剪時，左右兩邊角落剩下的餘布即可
裡布				
前、後片	依紙型 9A-6	薄布襯	2	

貼布縫順序　貼布縫外加縫份0.3～0.5cm

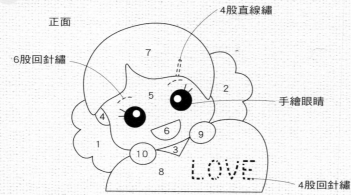

正面　　4股直線繡

6股回針繡

7

5

2

4

手繪眼睛

1

6　9

10　3

8　LOVE

4股回針繡

背面

1

2

◆前片表布的裁剪

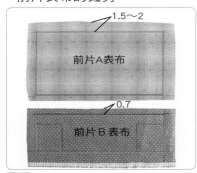

◆前片貼縫圖案

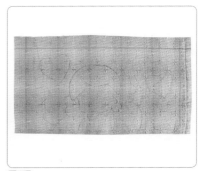

1 依照前片紙型粗裁前片A、B表布各一片(外圍藍線部分需外加1.5～2cm粗裁尺寸、紅線拼接邊加縫份0.7cm)。

2 如圖以布用複寫紙與鐵筆,將圖案畫在前片A表布上。

3 前片A表布畫好貼布縫圖案。

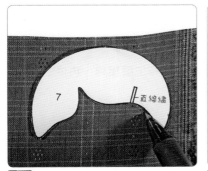

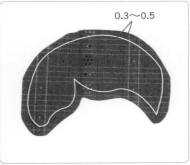

4 將貼布縫圖案紙型全部剪下,再依貼縫順序將紙型拆解剪下後,放在適當的配色布上,依紙型描出記號線。

5 四周留0.3～0.5cm縫份後剪下。

6 同法裁剪出所有配色布,再依照圖案的位置大約擺放一下,藉以檢查配色與花紋是否適合。

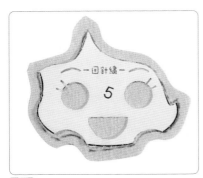

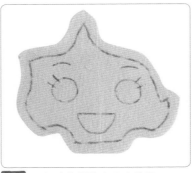

7 將臉部紙型上的五官剪下,放置在臉的配色布。

8 用記號筆描繪出五官位置。

9 參考P.83畫出實心眼睛後,再畫出睫毛,待顏料乾透再用鐵筆點出白點,等顏料乾透再繼續下個步驟。

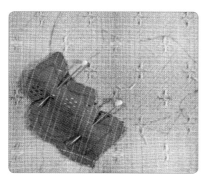

10 依照貼縫順序數字將編號1配色布塊放置在前片A表布對應位置上，並用珠針暫時固定

11 參考P.34「立針縫法」完成編號1配色布塊的貼縫，重疊的部份則以平針縫法稍加固定即可。

參考P.34

12 同步驟10～11依貼縫順序完成圖案的貼縫，再用熨斗整燙平整。

前片B表布(背)

前片A表布(正)

13 將前片A與B表布正面相對、中心點合印對齊後縫合。

前片A表布(正)

前片B表布(背)

14 再將B表布翻回正面、縫份倒向B表布，用熨斗整燙，完成前片表布。

15 用粉紅色油性色鉛筆，以畫圈方式在兩側臉頰畫上淡淡的腮紅，再用熨斗整燙定色。

16 「前片表布＋雙膠鋪棉＋胚布(薄布)」三層燙黏後於外圍疏縫一圈，再如圖做落針壓線並整燙。

17 整燙好，再做A表布上愛心形狀的三層壓線，和B表布上斜線條的三層壓線。

18 依照紙型畫出需要刺繡的記號線，取3股25號咖啡色繡線，穿針對摺成6股線後，以回針繡法繡出眉毛。

19 取2股25號黃色黃色繡線，穿針對摺成4股線，以回針繡法繡出愛心上的「LOVE」字樣。

20 再以直線繡法繡出頭髮上的髮飾線條，並如圖縫上直徑6mm的圓形裝飾鈕。

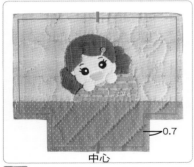

中心

21 依前片紙型校正(藍色線)，並畫出中心記號，再依紙型外加0.7cm縫份後裁剪好(**兩邊剪下的直角表布要留下來**)。

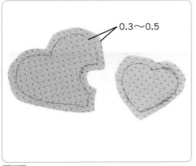

0.3～0.5

22 在配色布上描繪出後片貼縫圖案，外加0.3～0.5cm縫份後剪下。

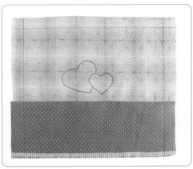

23 同前片方法完成後片A、B表布的拼接後，以布用複寫紙和鐵筆轉印畫出後片貼縫圖案。

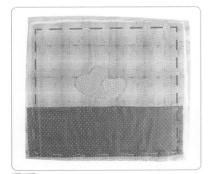

24 參考步驟10～11完成貼縫，並與雙膠鋪棉＋胚布(薄布)燙黏好後，疏縫外圍一圈。

25 如圖做好落針壓線後，再做斜線三層壓線，並整燙好。

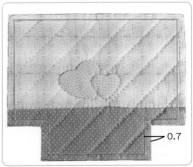

0.7

26 依後片紙型校正(藍色線)，並畫出中心記號，再依紙型外加0.7cm縫份後裁剪好(**兩邊剪下的直角表布要留下來**)。

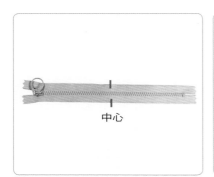

27 取一條22.5cm的3v塑鋼拉鍊，在拉鍊布邊正反畫出中心記號(13cm支架口金包則改用25cm的3v塑鋼拉鍊)。

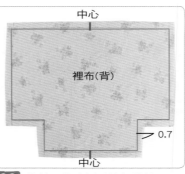

28 依前、後片紙型外加縫份0.7cm剪下兩片裡布，在背面燙上薄布襯，並畫出上下中心記號。

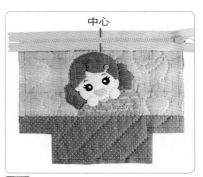

29 如圖將拉鍊放在前片袋口處，正面相對、中心點合印對齊。

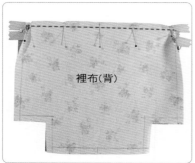

30 再放上前片裡布與表布正面相對、中心點合印夾住拉鍊，前後片表、裡布袋口兩側縫份往背面摺(表布的縫份鋪棉和胚布可先修剪掉約1.5cm)，並先以珠針或水溶性雙面膠暫時固定後，如圖車縫。

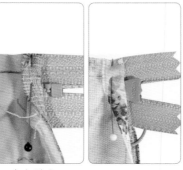

31 車縫後將表布袋口處縫份的鋪棉和胚布修剪掉(不要剪到縫線)。

32 翻回正面整燙袋口處(不要燙到塑鋼拉鍊齒)，並在距袋口布邊約0.3cm壓一道固定線。

33 同步驟29～32完成後片表、裡布夾車另一邊拉鍊布。

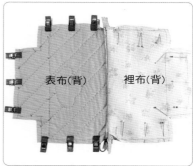

34 如圖將前、後片表布袋正面相對、底中心點合印用強力夾固定。前、後片裡布袋正面相對、底中心點合印用珠針固定。

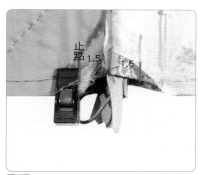

35 如圖先在表、裡布兩側距袋口1.5cm處畫出車縫止點記號。

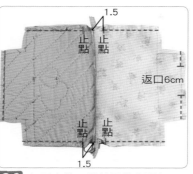

36 如圖車縫，並於裡袋底預留6cm的返口。

37 再將前、後表布縫份的鋪棉和胚布修剪掉(小心不要剪到縫線)。

38 先將拉鍊拉開一半，再將前、後片表布的袋底車合線與側邊車合線合印、正面相對用強力夾固定後車縫。

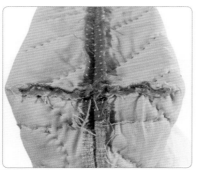

39 將車縫處的鋪棉與胚布修剪掉，再將所有縫份燙開。

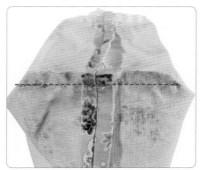

40 同法完成裡袋底角的車縫。

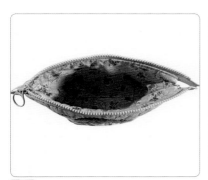

41 由裡袋底的返口翻回正面、整理好表袋形狀後，再將裡袋塞到表袋內，用熨斗整燙袋口處。

42 在前、後片表布袋口往下1.5cm畫出車縫記號線。

43 依車縫記號線將表、裡袋車縫固定一圈。

44 利用修剪前、後片留下來的四片 B 表布，依照拉鍊擋片紙型裁剪四片拉鍊擋片布。

拉鍊擋片(背)

45 在背面燙上薄布襯後，取兩片正面相對如圖車縫，並將縫份剪出數個牙口。

拉鍊擋片(正)

46 翻回正面整燙好，再將返口處的縫份往內摺，共完成兩組拉鍊擋片。

47 將拉鍊擋片分別套入拉鍊的頭尾兩端，再以藏針縫法縫合固定，遇到拉鍊布時，縫針需穿過拉鍊布。

48 將一對支架口金分別從袋口側邊的洞口穿入。

49 裝入後讓整個袋口呈現口字型。

50 再將拉鍊拉上，一邊用熨斗整燙，一邊整理支架口金包的袋型。

51 最後再用藏針縫法將裡袋底的返口縫合。

52 翻回正面整理表袋袋型，即完成整個「大眼妹支架口金包」！

完成尺寸：→14×↓12.5×底寬8cm

主要材料：先染布、胚布、雙膠薄鋪棉、配色布、裡布、薄布襯

其他配件：13cm×4cm方型支架口金兩支一組、3V塑鋼拉鍊25cm、一條25號繡線(咖啡色、白色)、黑色、白色壓克力顏料

袋物裁布表

紙型：不含縫份，裁布請外加縫份0.7cm。

粗裁：三層壓線會有收縮，請外加1.5～2cm。

部位名稱	尺寸	襯與鋪棉	片數	備註
表布A				
前片	依紙型 9B-1 粗裁	雙膠鋪棉＋胚布	1	與鋪棉＋胚布三層壓線，再依紙型、校正後，外加縫份修剪
後片	依紙型 9B-2 粗裁		1	
表布B				
前片	依紙型 9B-3 粗裁	雙膠鋪棉＋胚布	1	
後片	依紙型 9B-4 粗裁		1	
拉鍊擋片	依紙型 9-5	薄布襯	4	利用前、後片表布B修剪時，左右兩邊角落剩下的餘布即可
裡布				
前、後片	依紙型 9B-6	薄布襯	2	

貼布縫順序

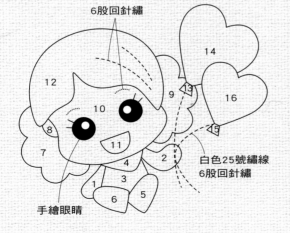

正面

6股回針繡

12

10

8

7

11

4

1

6

3

5

2

9

13

16

14

手繪眼睛

白色25號繡線
6股回針繡

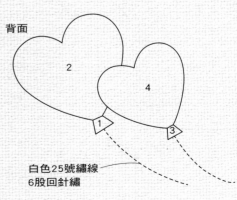

背面

2

4

1

3

16

白色25號繡線
6股回針繡

NO.10

戀戀夏荷
彈片口金收納包

糖糖の畫筆彩繪、快樂手作／糖糖

紙型A面

尺寸 →13.5×↓11.5cm

主要材料
先染布、胚布、雙膠薄鋪綿、配色布、裡布、薄布襯

其他配件
1.5cm×12cm彈片口金一組、1.2cm小勾釦一個、25號
繡線(綠色、黃色)

袋物裁布表
紙型：不含縫份，請外加縫份0.7cm。**數字尺寸**：已含縫份。
粗裁：三層壓線部位，請預留1.5～2cm收縮尺寸。

部位名稱	尺寸	襯與鋪棉	片數	備註
表布				
前片	依紙型 10A-1 粗裁	雙膠鋪棉＋胚布	1	壓線後依紙型校正並外加縫份修剪
手提帶	↑5×22cm		1	
掛耳	↑5×3cm		1	
配色布A～E				
後片A～E	依紙型 10A-2 粗裁	雙膠鋪棉＋胚布	各1	後片A～E拼接縫合完成後，再與鋪棉＋胚布三層壓線，再依紙型外加縫份修剪
配色布				
口布	↑5×13.5cm		4	
裡布				
前、後片	依紙型 10A-1 10A-2	薄布襯	2	

貼布縫順序
貼布縫外加縫份0.3～0.5cm

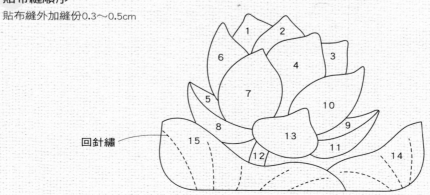

回針繡

◆作品示範

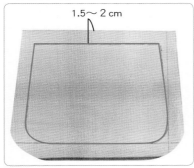

1 依前片紙型外加1.5～2cm粗裁尺寸粗裁一片前片表布。

2 利用布用複寫紙與鐵筆描繪貼縫圖案。

3 將貼布縫圖案轉印在表布上。

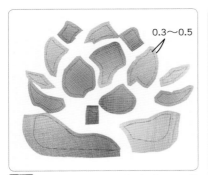

4 將貼縫圖案紙型拆解剪下，描繪在配色布上，並外加0.3～0.5cm縫份剪下。

5 依照貼縫順序用立針縫貼縫在表布對應的位置上，完成後再以熨斗燙平。

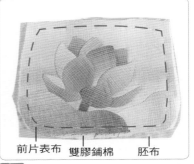

前片表布　　雙膠鋪棉　　胚布

6 「前片表布＋雙膠鋪棉＋胚布(薄布)」依序用熨斗燙黏好，並於外圍疏縫一圈。

7 如圖做落針壓線後，再用熨斗整燙平整。

8 依紙型畫出荷花葉脈，分別取3股25號綠色和黃綠色繡線穿針對摺成6股，再以回針繡法繡出荷葉的葉脈

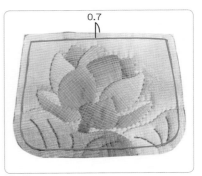

9 依前片紙型校正後(藍色線)，再外加0.7cm縫份後裁剪下。

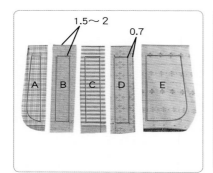

10 依後片紙型裁剪配色布A～E，紅色線邊外加粗裁尺寸1.5～2cm，藍色拼接邊則外加縫份0.7cm。

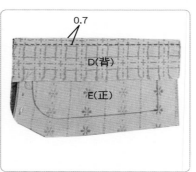

11 配色布E與配色布D正面相對，拼接布邊相互對齊，用珠針暫時固定後再車縫。

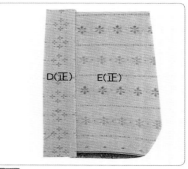

12 配色布D翻回正面、縫份倒向配色布D，用熨斗整燙。

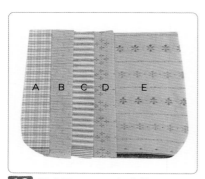

13 同步驟11～12完成其餘配色布A～C的拼接，即完成「後片表布」。

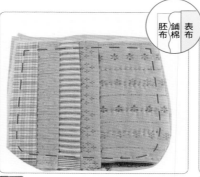

14 「後片表布＋雙膠鋪棉＋胚布(薄布)」三層依序燙黏好，並於外圍疏縫一圈。

15 如圖做落針壓線和配色布E的三層壓線後，以熨斗整燙。

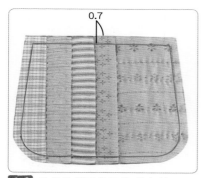

16 依後片紙型校正後(藍色線)，再外加0.7cm縫份後裁剪下。

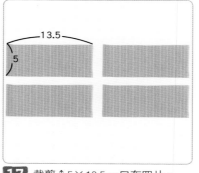

17 裁剪↑5×13.5cm口布四片。

18 取二片口布正面相對用珠針固定後車縫左右0.7cm。

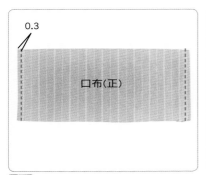

19 口布翻正面整燙後,於左右距布邊0.3cm處車縫固定線。

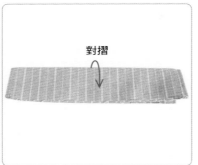

對摺

20 再將口布上下對摺整燙,共完成二份彈片口金的口布。

21 依前片紙型外加0.7cm縫份,裁剪出兩片裡布。

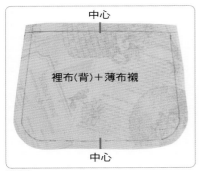

中心

裡布(背)+薄布襯

中心

22 在裡布背面燙上薄布襯,並畫出上下中心點記號。

中心

口布(正)

23 如圖將口布放在前片表布上,正面相對、中心合印。

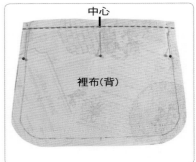

中心

裡布(背)

24 再放上裡布,正面相對、中心合印後,先以珠針固定袋口處再車縫固定。

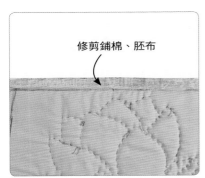

修剪鋪棉、胚布

25 將袋口縫份處的鋪棉和胚布修剪掉(不要剪到縫線)。

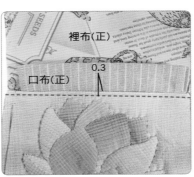

裡布(正)

0.3

口布(正)

26 將裡布往上翻、縫份倒向前片,在前片袋口處壓一道0.3cm固定線。

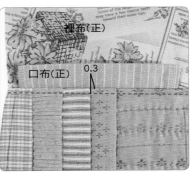

裡布(正)

0.3

口布(正)

27 依步驟23~26完成後片表、裡布夾車口布的製作。

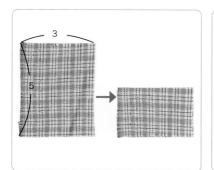

28 裁剪掛耳布↑5×3cm一片。上下對摺整燙出中心線後打開。

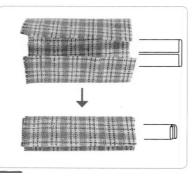

29 將兩邊對齊中心線整燙，再上下對摺。

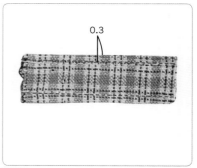

0.3

30 如圖上下距布邊距0.3cm處各車縫壓線、整燙。

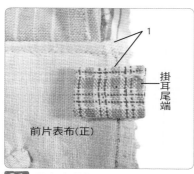

1

掛耳尾端

前片表布(正)

31 再左右對摺，並修剪掛耳尾端後，將掛耳布置放在前片靠近袋口往下約1cm處疏縫固定。

後片表布(背)　後片裡布(背)

返口6cm

32 如圖讓表布正對正、裡布正對正，中心合印、布邊對齊車一圈，並於裡袋底留6cm返口。

後片裡布(背)

33 如圖將裡袋的縫份剪出數個牙口。

34 將表布縫份處的鋪棉和胚布剪掉，並如圖將裡袋的縫份剪出數個牙口。

35 從裡袋返口翻回正面。

36 一邊整裡袋型、一邊整燙。

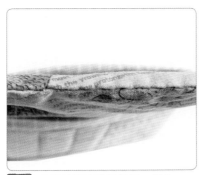

37 用藏針縫法將裡袋返口縫合。

38 將裡袋塞回表袋內,並整燙好袋型與袋口處的口布。

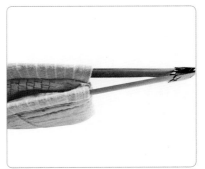

39 將彈片口金分別由口布的一側洞口穿入。

40 將另一側露出來的彈片口金壓好,並把平釘放入卡榫洞內,用平口鉗將卡榫上的擋片折彎。

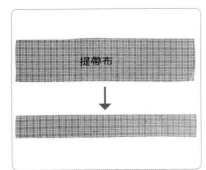

41 完成整個彈片口金收納包主體。

提帶布

42 裁剪↑5×22cm手提帶布一片。布條上下對摺摺燙出中心線後打開。

1.2

43 將布條上下布邊對齊中心線整燙,再對摺整燙成約1.2cm寬的布條。

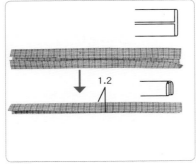

44 布條穿過小勾釦。

45 頭尾兩端打開攤平，正面相對對齊後縫合。

46 把縫合的縫份燙開。

47 布條再摺回四等分的細條狀。

48 布條兩側分別在距布邊約0.2cm處各車縫壓線一圈。

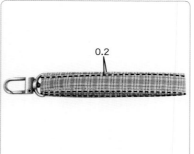

49 車縫完成的樣子。

50 再把步驟45的縫合處移到小勾釦上方，在如圖車縫固定(或使用固定釦固定)。

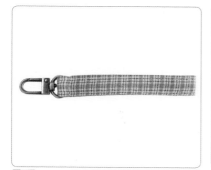

51 手提帶完成

52 將手提帶勾在彈片口金收納包的掛耳上，即完成「戀戀夏荷彈片口金收納包」！

B 款設計

完成尺寸：→10×↓19cm

主要材料：先染布、胚布、雙膠薄鋪綿、配色布、裡布、薄布襯

其他配件：1.5cm×10cm彈片口金一組、1.2cm小勾釦一個、25號繡線(綠色、黃色)

袋物裁布表

紙型：不含縫份，裁布請外加縫份0.7cm；**數字尺寸**：已含縫份。

粗裁：三層壓線會收縮，請外加1.5～２cm收縮尺寸。

部位名稱	尺寸	襯與鋪棉	片數	備註
表布A				
前片	依紙型 10B-1 粗裁	雙膠鋪棉＋胚布	1	完成圖案貼縫後，再與前片B、C表布拼接縫合
表布B				
前片B、C	依紙型 10B-1 粗裁		1	前片A～C拼接完成後，與鋪棉＋胚布(薄布)三層壓線，在依紙型校正，並外加縫份修剪
手提帶	↑5×22cm		1	
掛耳	↑5×3cm		1	
配色布A～E				
後片A～E	依紙型 10B-2 粗裁	雙膠鋪棉＋胚布	各1	後片A～E拼接縫合完成後，再與鋪棉＋胚布三層壓線，再依紙型校正並外加縫份修剪
配色布				
口布	↑5×11.5cm		4	
裡布				
前、後片	依紙型 10B-1 10B-2	薄布襯	2	

貼布縫順序

貼布縫外加0.3～0.5cm縫份

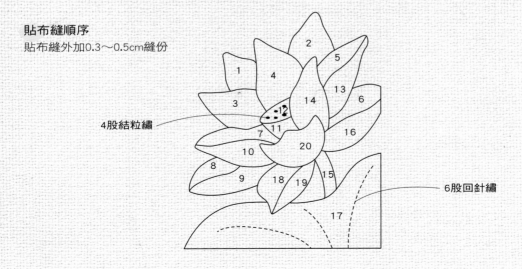

4股結粒繡

6股回針繡

105

NO.11

房子收納包

設計製作／孫郁婷

紙型 B 面

壓線部位不粗裁可以嗎？如果你不介意成品
尺寸會略縮約0.3～0.5cm，不妨試試孫郁婷
老師的做法！

尺寸 →17×↓10×寬6cm

主要材料
先染布、無膠薄鋪綿、配色布、裡布

其他配件
拉鍊、25番繡線

袋物裁布表
紙型：除滾邊處已含縫份外，其餘均不含縫份，裁布請外加縫份0.7cm。

部位名稱	尺寸與	襯與鋪棉	片數	備註
表布				
前、後片	依紙型 11A-1 11A-2		2	三層壓線後依紙型裁剪
袋底布	依紙型 11-3		1	
裡布	依紙型 11-4	無膠鋪棉(不含縫份)×1	1	

貼布縫順序　貼布縫的布片均外加縫份0.5cm

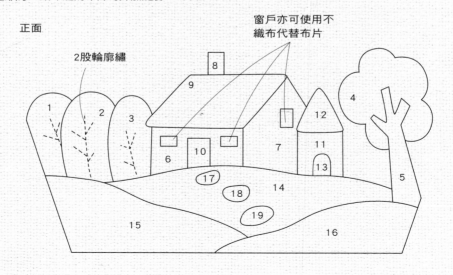

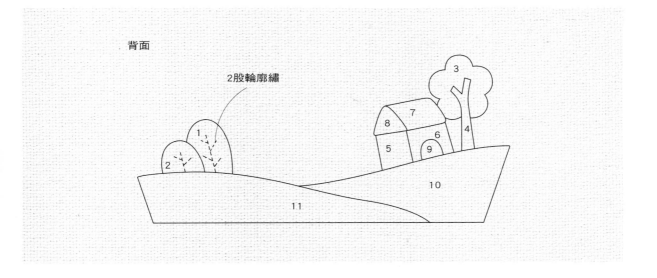

背面

2股輪廓繡

3

7
8
4
5 6
9

10

11

◆房子收納包貼布縫做法（以房子做示範）

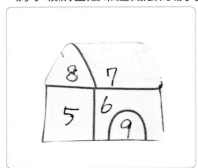

1 如圖將房子圖案紙型完整剪下。

2 將步驟1剪下的紙型放在表布上。

3 以水消筆描繪出房子輪廓。

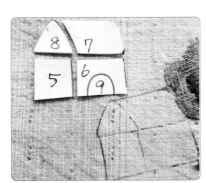

4 根據紙型上標示的數字編號依序剪下小片，再將各部位放在房子輪廓，描繪出各部位的輪廓。

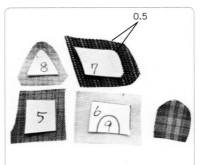

5 將拆解後的各部位紙型小片放在配色布上描繪出輪廓，縫份預留0.5cm後剪下。

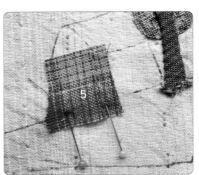

6 依圖案編號順序先進行房子側牆的貼布縫，如圖以珠針固定側牆布片。

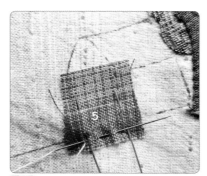

7 與其他布片重疊部分的縫份先以疏縫方式固定。

8 布片三邊重疊處皆在縫份上進行疏縫。

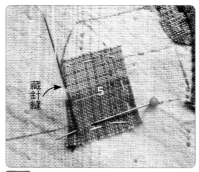

9 以藏針縫開始側牆外緣的貼布縫。

10 完成側牆外緣貼布縫。

11 同步驟6～10完成順序「6」本體牆面的貼布縫，布片重疊處皆以疏縫方式固定布片即可。

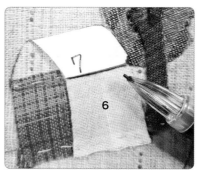

12 每一部位在貼布縫前，要先以紙型描繪輪廓確認圖案形狀。

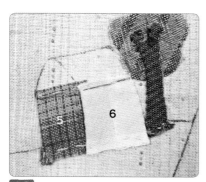

13 再進行本體屋頂「7」的貼布縫。

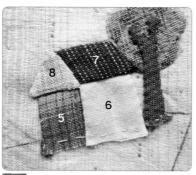

14 依次再完成順序「8」側面屋頂的貼布縫並加以整燙。

15 最後再縫上順序「9」大門的貼布縫，即完成房子的貼布縫。

◆作品示範

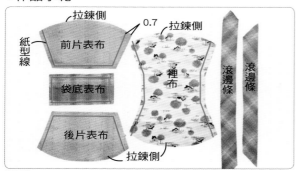

1　依紙型裁剪出前、後表布、袋底布、裡布和包邊布(除前後表布、裡布拉鍊側外，縫份均外加0.7cm)。

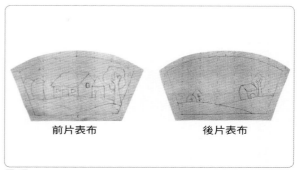

2　參考房子貼縫法步驟1～4，在前、後表布上描繪出圖案。

3　將圖案紙型拆解描繪在配色布上，並外加縫份0.5cm裁剪下來。

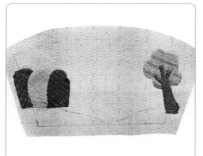

4　參考貼布縫方法依紙型數字編號順序在前片表布上依次進行各布片貼布縫(順序：樹木→房屋→山坡→石徑)。

5　接著完成房子部分(編號6～13)的貼縫(縫份重疊部分皆以疏縫方式代替珠針固定布片，並在貼縫進行前再次以紙型描繪出布片的正確位置)。

6　再完成山坡部分(編號14～16)的貼縫。

7　最後完成石徑部分(編號17～19)的貼縫，即完成前片表布的貼縫。

8　同法依紙型標示的順序編號進行後片表布的貼布縫(順序：樹木→房屋→山坡)。

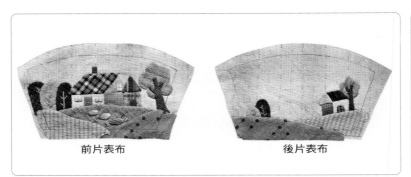

前片表布　　　　　　　　　後片表布

9 如圖完成前後片表布圖案貼布縫，並進行整燙。

10 將前片、後片及袋底表布拼縫完成。

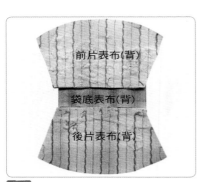

11 將縫份倒向袋底表布。

12 如圖將表布、鋪棉(同紙型大)及裡布重疊

13 如圖由中央向外側進行米字放射狀疏縫固定。

14 完成表布壓線(可依喜好自由壓線)，壓線後會比原版型縮小0.3～0.5cm。

15 將表布正面對摺並對齊縫份，縫合兩側脇邊。

16 將縫份內多餘的鋪棉修剪掉。

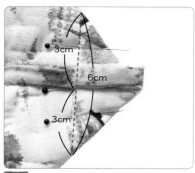

17 以脇邊縫線處為中心，將脇邊兩側撐開成一等邊三角形，在縫線左右各3cm(總長6cm)畫上記號進行直線車縫，完成底側檔。

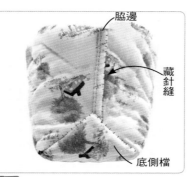

18 以藏針縫將脇邊縫份向內包摺修飾，底側檔上摺後亦以藏針縫固定。

19 滾邊條與表布正面相對以珠針固定在縫份邊緣(縫份0.8cm)。

20 以脇邊接盒線為起始點，將滾邊條前端反摺約1cm，結尾處再與起始處重疊約1cm，沿縫份處車縫一圈。

21 將滾邊條外側縫份往上摺入，再往裡布方向翻摺進行藏針縫。

22 完成滾邊。

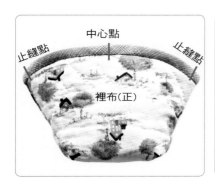

23 依紙型標出拉鍊止縫點位置。

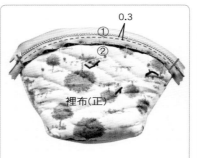

24 根據拉鍊止縫點以珠針固定單側拉鍊後進行縫合固定(①回針縫②藏針縫)。接著將拉鍊拉開，拉鍊另一側亦以相同方式進行固定縫合。

25 在拉鍊頭尾端往內摺入，再以藏針縫修飾尾端毛邊。

26 翻回正面進行整燙，作品完成。

尺寸：→17×↓10×寬6cm

貼布縫圖案： 11B-1 11B-2

裁布尺寸與A款式相同，拉鍊
兩端不摺入，改以包扣裝飾。

•貼布縫順序

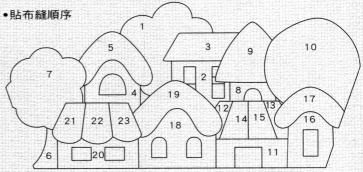

正面
窗戶及門可以不織布代替布片，在所有
貼布縫布片完成後最後進行黏貼裝飾

2股回針繡

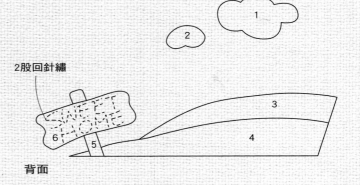

背面

園藝蘇姑娘迷你波士頓包

設計製作／孫郁婷

尺寸 →24× ↓ 10.5×寬6cm

主要材料

土台布、本體與底側表布、拉鍊口布、把手及拉
鍊檔片表布、貼布縫小布片

其他配件

40cm雙開拉鍊、25番繡線、花朵飾扣等

袋物裁布表

紙型不含縫份，除特別標示外，請外加縫份0.7cm；數字尺寸已含縫份0.7cm。

部位名稱	尺寸	襯與鋪棉	片數	備註
表布A				
前片	依紙型 12A-1 外加縫份		1	土台布(外加縫份)×1
表布B				
後片	依紙型 12A-2 外加縫份		1	
拉鍊口布	依紙型 12-3 外加縫份		2	
底側片	依紙型 12-4 外加縫份		1	
拉鍊擋片	10×3.5cm		4	
提把	30×4cm		2	
裡布				
前、後片	依紙型 12A-1 12A-2	單膠鋪棉(不需縫份)	2	
拉鍊口布	依紙型 12-3	單膠鋪棉(不需縫份)	2	右側外加縫份2cm、其餘0.7cm(見步驟31)
底側片	依紙型 12-4	單膠鋪棉(不需縫份)	1	外加縫份2cm(見步驟35)

貼布縫順序

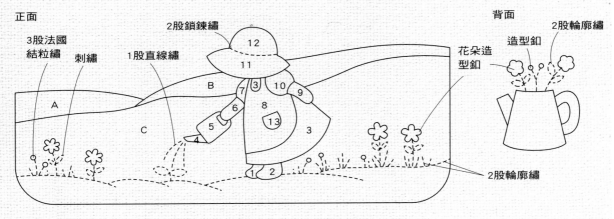

113

蘇姑娘是貼布縫常見的參考圖形,而蘇姑娘圖案的貼縫有一定的順序與技巧,並可在不同的拼布作品上多方延伸運用,在此即先就蘇姑娘的貼布縫基本貼法做一詳細的說明。

◆ 蘇姑娘貼布縫

1 將蘇姑娘紙型以粗黑線條描繪在白紙上。

2 取一土台布,覆蓋在蘇姑娘型紙上以水消筆將圖案輪廓描繪出來(型紙可平鋪在明亮透光的燈箱上描繪或直接在背光的玻璃窗上描繪)。

3 依數字順序將紙型依序剪開。

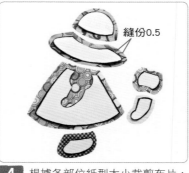

縫份0.5

4 根據各部位紙型大小裁剪布片,縫份均預留0.5cm。

5 在洋裝布片上描繪袖口及手部重疊部分的輪廓。

6 完成蘇姑娘各部位的布片裁剪。

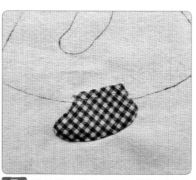

7 依據數字順序最先進行鞋子部位的貼布縫。

相互重疊處疏縫

8 相互重疊的縫份以疏縫固定。

重疊處疏縫

9 接著進行洋裝貼布縫。

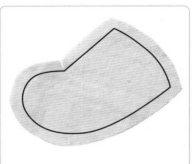

10 能讓貼布縫呈現自然且完美曲線關鍵的牙口。注意牙口的寬度不能超出縫份以免破壞布片完整。

11 完成手部貼布縫。

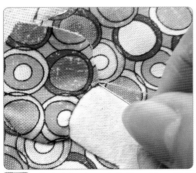

12 繼續進行袖口貼布縫,袖口與手肘接合處以縫針仔細將縫份挑入,然後在轉折的三角點入針。

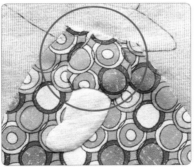

13 呈現公主袖立體且具有澎度的圓弧曲線。

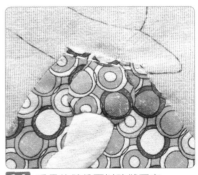

14 重疊的縫份再以疏縫固定。

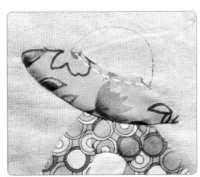

15 繼續完成帽沿布片的'貼布縫。邊緣重疊的縫份繼續以疏縫固定。

16 最後完成帽子本體的貼布縫。以中溫小心仔細整燙。

17 可愛活潑的蘇姑娘貼布縫完成。

◆前片背景的貼縫

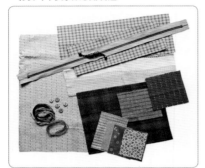

1 準備作品所材料與工具。

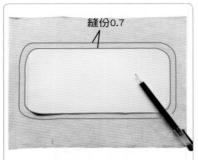

縫份0.7

2 以厚紙板將前後片表布紙型裁下，在土台布上進行前片表布輪廓描繪(縫份外加0.7cm)。

3 將前片圖案紙型剪下黏貼在厚紙板上，再沿外緣輪廓剪下。

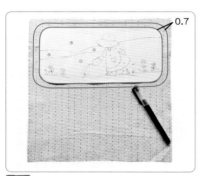

0.7

4 依前片紙型在表布上描繪輪廓線，再外加0.7cm縫份裁剪，共描繪二片(前、後各一片)。

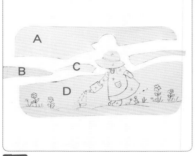

5 將圖案紙型的背景部分(A天空、BC左右側山巒、D花園)剪下。

6 在土台布上描繪紙型D花園背景部份(蘇姑娘的身體輪廓不描繪)。

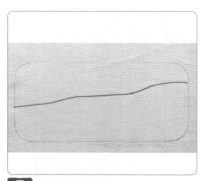

7 描好背景的土台布。

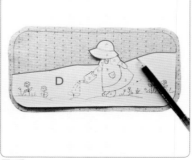

8 前片表布連同蘇姑娘的上輪廓一起描繪。

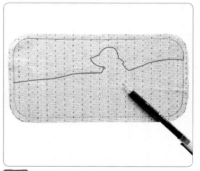

9 描好背景的比表布前片。

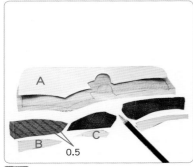

10 依步驟5剪下的背景紙型裁剪天空及山巒的布片(縫份皆為0.5cm)。

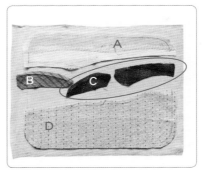

11 左右側 B 、 C 山巒裁成三片(C 片中間可不裁斷延續為成一片)。

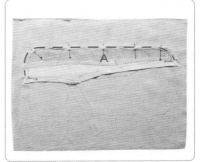

12 天空布片的縫份先行疏縫固定在土台布上。

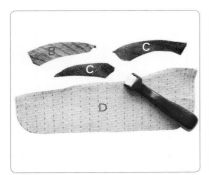

13 以縫份滾輪將山巒及花園背景的布片縫份進行壓摺。

14 縫份以滾壓摺好的樣子。

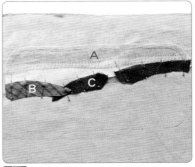

15 以珠針固定左右側山巒。

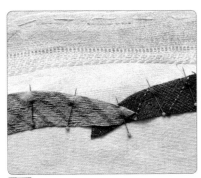

16 以前後重疊方式呈現左、右側山巒的遠近效果,再完成貼布縫,

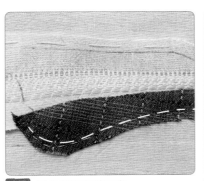

17 縫份處以疏縫固定。

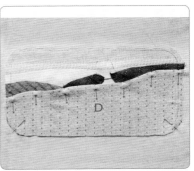

18 將下半段 D 花園背景布片重疊在山巒上方並以珠針固定。

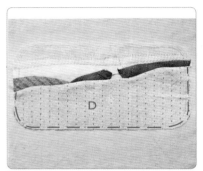

19 花園背景 D 周圍縫份亦以疏縫方式固定。

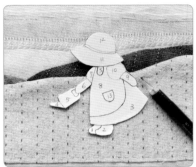

20 將澆花蘇姑娘的紙型單獨完整剪下，再沿輪廓描繪。

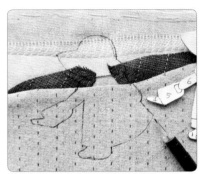

21 描好蘇姑娘的身形。

◆蘇姑娘的貼縫

縫份0.5

22 將澆花蘇姑娘紙型各部位分開剪下，並依數字順序分別描繪在布片上(縫份0.5cm)。

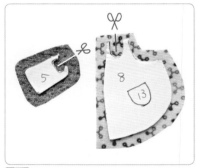

23 紙型5(澆花器)及紙型8(圍裙)領口需在圓弧凹槽處剪出牙口。

24 完成澆花蘇姑娘的貼布縫(蘇姑娘貼布縫作法請參考P.114～115)。

◆刺繡和裝飾扣部分的製作

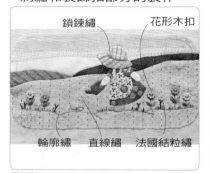

鎖鍊繡　　　　花形木扣

輪廓繡　直線繡　法國結粒繡

25 完成小草刺繡並縫上花朵木扣。

◆後片圖案的貼縫

後片表布(正)

26 在後片表布上完成澆花器貼布縫。

◆前後片壓線

0.7

前片裡布
鋪棉

後片裡布
鋪棉

27 依紙型裁剪前、後片裡布(縫份0.7cm)及鋪棉(不須加縫份)。

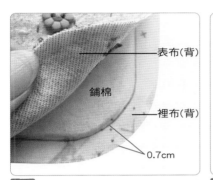

28 將單膠鋪棉燙熨在前、後兩片裡布上。

29 將前、後片表布分別與燙好鋪棉的裡布重疊,再疏縫固定。

30 依序完成前、後片表布的壓線,再完成澆花器的花草刺繡及扣飾。

◆口布的製作

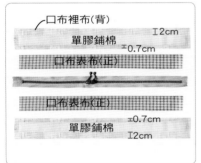

31 準備好雙開拉錬、口布表、裡布各兩片,並在裡布背面燙上單膠鋪棉(注意單膠鋪棉的位置)。

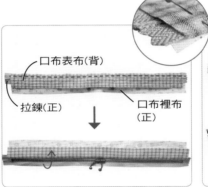

32 將口布表布、拉錬及裡布正面相對依次重疊以珠針固定後車縫,口布表布向外翻回正面。

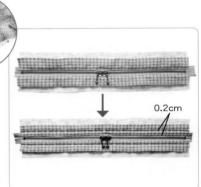

33 另一側相同作法完成拉錬口布,並在口布邊緣0.2cm處車縫壓線。

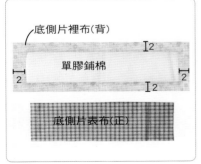

34 準備底側片表、裡布各兩片,並在裡布背面燙上單膠鋪棉。

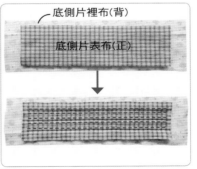

35 再與底側片表布重疊後壓線。

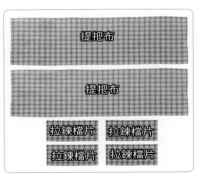

36 準備2片提把用布及4片拉錬檔片用布。

37 將2片拉鍊檔片正面相對以ㄇ字形車縫一圈，翻回正面後整燙，同樣方法製作兩組。

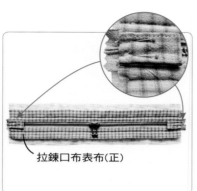

拉鍊口布表布(正)

38 將拉鍊檔片和拉鍊口布的縫份邊緣對齊，並以珠針固定。另一側檔片亦以相同方式固定在口布上。

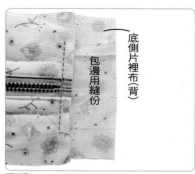

底側片裡布(背)

包邊用縫份

39 將固定好檔片的拉鍊口布與底側布正面相對進行縫合，起末點避開兩側縫份。

40 放大圖：檔片夾在口布與底側片中央。

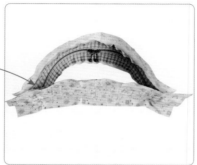

41 口布與底側布縫合成一環狀側身。

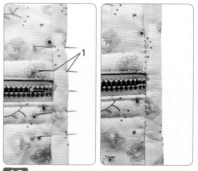

1

42 以多餘縫份向內摺入1cm，共摺入兩次後以珠針固定，再進行藏針縫，完成包邊修飾。

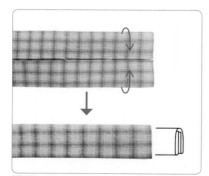

43 將提把布片由兩側往中線燙摺，再將布片對摺成原來1/4寬度。

44 在兩側車縫壓線裝飾，同樣方法製作兩條。

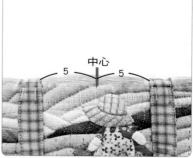

中心

5   5

45 取前片表布中心點往左右各5cm做記號，以珠針將提把固定在表布上，同法完成後片表布的提把。

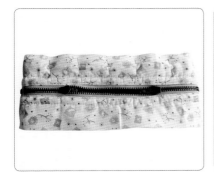

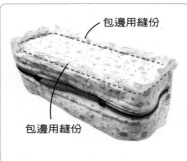

包邊用縫份

包邊用縫份

46 將前、後片表布與側身環布正面相對以珠針固定、拉開拉鍊。

47 沿縫份記號線車縫一圈。

48 以裡布多餘縫份進行包邊修飾，前後表布作法相同。

B 款設計

• 心花怒放蘇姑娘迷你波士頓包

尺寸：→24× ↓ 10.5×寬6cm
貼布縫圖案： 12B-1 12B-2
裁布尺寸與A款相同

• 貼布縫順序

正面

直徑1.5cm包扣
2股輪廓繡

圓形裝飾扣

2股鎖鍊繡

2股回針繡

2股雛菊繡

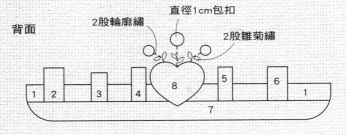

背面

2股輪廓繡

直徑1cm包扣

2股雛菊繡

 NO.13

萌哈鑰匙圈

臺灣喜佳中區才藝中心主任／蘇曉玲

拼布能夠機縫嗎？當然可以！這款萌哈鑰匙
圈就是以機縫加手縫來完成的，讓我們來看
看蘇曉玲老師是怎麼做的！

紙型 B 面

尺寸 →19×↓22cm

主要材料
日式先染布1尺、滾邊布1尺、配色布5色各0.25
尺、裡布0.5尺

其他配件
20cm拉鍊一條、單膠棉1包、洋裁襯1碼、厚布襯1碼
、圓形鑰匙圈、袋物專用襯(橘)、手縫繡線、水溶性
雙面膠、玩偶用眼睛&裝飾鼻子、手縫線、少許機縫
棉、車線、透明線、透明製圖版、OPP袋、緞染線。

袋物裁布表
紙型與數字尺寸已含縫份。

部位名稱	尺寸	襯與鋪棉	片數	備註
表布	17×32cm	單膠鋪棉(17×32cm) 厚布襯(17×32cm)	1	三層鋪棉壓線後依紙型 13A 裁剪
滾邊條	4×80cm		1	斜布紋
裡布	依紙型 13A	洋裁襯(同紙型)	1	

貼布縫順序　貼布縫外加縫份0.3cm

A 款

玩偶眼睛

裝飾鼻子

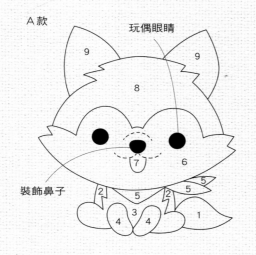

B 款

手繪花紋

手繪舌頭

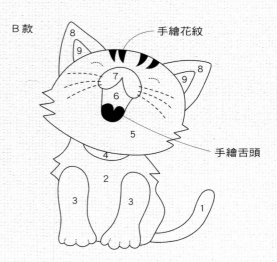

◆表布壓線＋滾邊

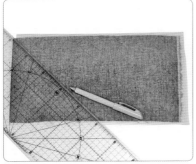

1 粗裁表布17×32cm一片＋單膠棉＋厚布襯，三層鋪棉壓線間隔2cm45度正方格(縫紉機需換上均勻送布齒壓布腳)。

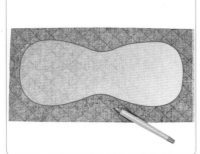

2 在表布上依紙型用記號筆描繪一圈。

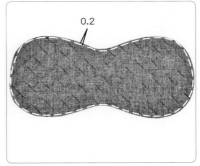

3 在記號線內0.2cm疏縫一圈後，依畫好的記號線剪下。

◆貼縫圖案的做法

4 運用18mm滾邊器，摺燙滾邊布4×80cm一條，並在表布上滾邊。

5 將透明OPP袋片放在圖案上(OPP袋請裁成一片來使用)。

6 用奇異筆將哈士奇圖案描繪於透明OPP袋片上。

7 袋物專用紙襯(膠面朝上)，用記號筆描繪圖案(立體耳朵先不用描)。

8 描好圖案的樣子(注意：身體、尾巴、前肢部分，因重疊的關係，請各別描繪)。

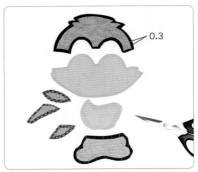

9 將描繪好的紙襯燙於決定好的布料背面，縫份留0.3cm剪下。

10 運用骨筆在拼布專用軟墊(四用墊裡的軟墊)上，依紙襯邊緣壓畫一圈，使縫份翹起。

11 將翹起的縫份，用布用口紅膠將縫份往內摺燙備用(有轉角或有弧度部分，請剪牙口)。

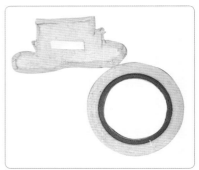

12 在燙好的各布塊背後，貼上一小段水溶性膠帶。

◆製作立體耳朵

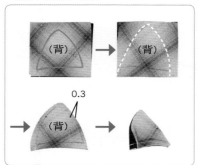

0.3

13 在表布的背面畫上耳朵圖形，表、裡正正相對＋機縫棉，依圖形車縫(下方不車)，運用手藝用鉗子翻至正面整燙好。

◆圖案的機縫

14 將畫好的OPP袋片，放在表布上，確定好位置後，於OPP袋片上方用平待針固定。

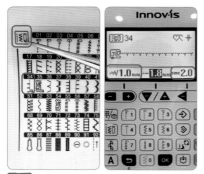

15 用鑷子先將最底層的尾巴及身體零件，依OPP袋片圖案位置擺放，貼在表布上。

16 設定縫紉機針趾花樣－貼布縫針趾(毛毯邊縫針趾)，可用繡線或透明線，幅寬調至1.0(使用透明線時，線張力要調到2.0，底線使用刺繡專用底線)本作品以brother NV-1800Q示範製作。

17 縫紉機換上「前開式密針壓布腳」，沿著布塊邊緣車縫貼布縫針趾(毛毯邊縫針趾)。

18 依OPP袋片圖案位置，貼上前肢部分。

19 同步驟17完成前肢的機縫貼布縫。

20 完成前肢貼縫的樣子(**為使讀者可以看得更清楚,此處車線刻意用黑色線表現**)。

21 依OPP袋片圖案位置,貼上領巾部分。

22 同步驟17完成領巾的貼布縫。

23 依OPP袋片圖案位置,貼上臉部布片。

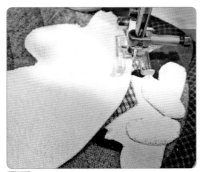

24 同步驟17完成臉部的貼布縫。

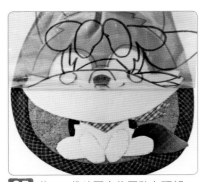

25 依OPP袋片圖案位置貼上頭部。

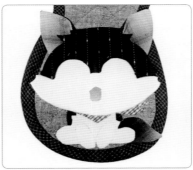

26 依OPP袋片圖案,擺放好立體耳朵、舌頭布片。

27 同步驟17完成臉部的貼布縫。

◆五官的製作

28 運用水消筆，描繪出眼睛、鼻子及微笑嘴巴。

29 使用3股繡線，在記號線上做線條輪廓繡。

30 在鼻子上方及嘴巴上完成輪廓繡。

31 準備好玩偶眼睛和裝飾鼻子。

32 裝上眼睛及鼻子，即完成表袋身哈士奇圖案。

◆文字的刺繡

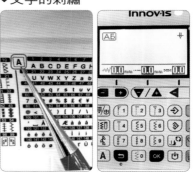

33 運用縫紉機的文字性針趾（brother NV-1800Q可以為自己的作品加上個性簽名）。

34 輸入英文字母。

35 換上密針縫壓腳(N)。

36 車縫文字，即完成表袋身另一面的製作。

◆製作內裡

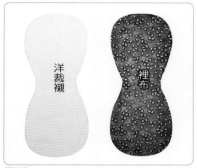

37 依紙型裁好裡布(燙上洋裁襯)。

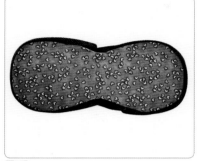

38 裡布固定於表布背面，沿著布邊0.2cm車縫一圈，以藏針縫的方式完成滾邊條。

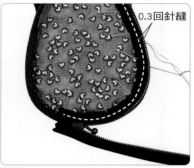

0.3回針縫

39 手縫拉鍊，先以珠針將一邊拉鍊如圖固定在裡布上。

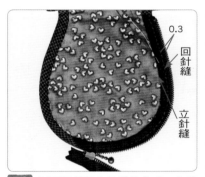

0.3回針縫
立針縫

40 以回針縫及立針縫的方式，先將一邊拉鍊固定在裡布上。

41 套入鑰匙環。

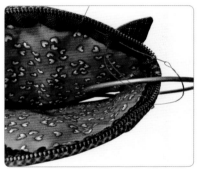

42 同步驟39～40手縫另一邊拉鍊，即完成拉鍊部分。

43 將剩餘的開口處，以藏針縫的方式接合。

作品完成，毛小孩就可以時時刻刻陪伴您！

幸福手感拼布小物

編　　企　編輯部

發 行 人　羅東釗

主　　編　張惠如

文 字 編 輯　張惠如

美 術 編 輯　任懋琦

出 版 者　藝風堂出版社

　　　　　行政院新聞局出版事業登記證

　　　　　局版臺業字第2940號

地　　址　台北市大安區泰順街44巷9號

網　　址　https://www.yftpublisher.com

電 子 信 箱　yft@ms25.hinet.net

部 落 格　http://blog.xuite.net/yftpublisher

電　　話　（02）23632535

傳　　真　（02）23622940

郵 撥 帳 號　1265604-7號　藝風堂出版社

製　　版　采硯創意有限公司

印　　刷　暉峰彩色印刷股份有限公司

出　　版　西元2019年5月初版

定　　價　420元

國家圖書館出版品預行編目資料

幸福手感拼布小物　/　[藝風堂出版社]編輯部編企. -- 初版.
-- 臺北市　：　藝風堂, 2019.05
　　面　；　公分
　　ISBN　978-986-97716-0-3(平裝)

　　1. 拼布藝術　2.手提袋

426.7　　　　　　　　　　　　　　　108008511

粉絲專頁

購物網